浪漫的人

徐志摩 著

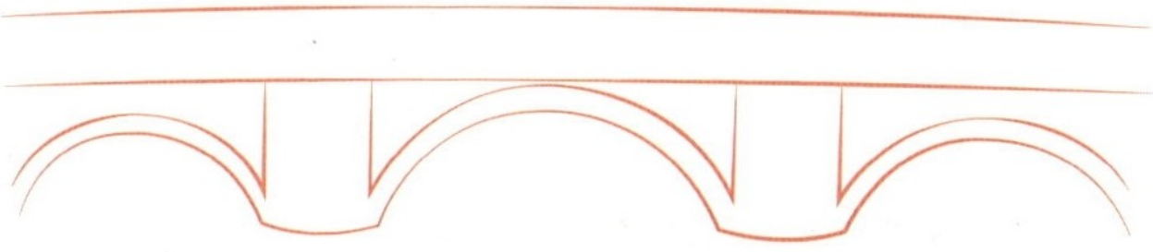

中国画报出版社 · 北京

图书在版编目（CIP）数据

浪漫的人 / 徐志摩著. -- 北京 : 中国画报出版社,
2022.8
（美学大师课）
ISBN 978-7-5146-2144-0

Ⅰ. ①浪… Ⅱ. ①徐… Ⅲ. ①美学—文集 Ⅳ.
①B83-53

中国版本图书馆CIP数据核字(2022)第079696号

浪漫的人

徐志摩 著

出 版 人：方允仲
策　　划：许晓善
责任编辑：田朝然　王韵如
内文排版：郭廷欢
责任印制：焦　洋
营销编辑：孙小雨

出版发行：中国画报出版社
地　　址：中国北京市海淀区车公庄西路33号　邮编：100048
发 行 部：010-88417360　010-68414683（传真）
总编室兼传真：010-88417359　版权部：010-88417359

开　　本：32开（787mm×1092mm）
印　　张：9.5
字　　数：180千字
版　　次：2022年8月第1版　　2022年8月第1次印刷
印　　刷：万卷书坊印刷（天津）有限公司
书　　号：ISBN 978-7-5146-2144-0
定　　价：59.80元

目录

Contents

我一见到你，就变得不像我自己

我并不害怕暂时的分开，如果爱情需要绕一圈后再回来，到那时我可以笑着拥抱你说：多幸运，我又遇见你。

002 再别康桥
006 偶然
008 我等候你
014 我有一个恋爱
017 恋爱到底是什么一回事
020 翡冷翠的一夜
026 沙扬娜拉一首——赠日本女郎
028 月下待杜鹃不来
030 为谁
032 残春
034 雪花的快乐
036 在那山道旁

038 呻吟语
040 云游
042 客中
044 生活
046 我不知道风是在哪一个方向吹
048 最后的那一天

心在路上，念在远方

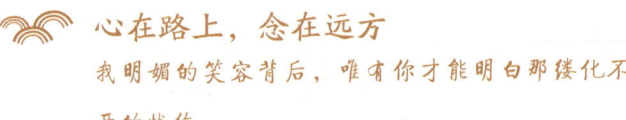

我明媚的笑容背后，唯有你才能明白那缕化不开的忧伤。

052 白郎宁夫人的情诗（节选）
060 曼殊斐儿
087 波特莱的散文诗
093 拜伦
107 济慈的夜莺歌
125 泰戈尔
133 罗曼·罗兰
143 我所知道的康桥
157 印度洋上的秋思

轻轻的我走了，正如我轻轻的来

深山故人，旧城深巷，古街老猫。什么样的终点才能配得上我这一路的颠沛流离。

168 悼沈叔薇
172 死城（北京的一晚）
187 关于女子——苏州女中讲稿
210 守旧与“玩”旧
221 秋
238 迎上前去
247 北戴河海滨的幻想
252 再剖
258 天目山中笔记
266 落叶（节选）
273 海滩上种花
283 翡冷翠山居闲话
289 丑西湖
295 山中来函

我一见到你，就变得不像我自己

我并不害怕暂时的分开，
如果爱情需要绕一圈后再回来，
到那时我可以笑着拥抱你说：
多幸运，我又遇见你。

再别康桥

轻轻的我走了，
正如我轻轻的来；
我轻轻的招手，
作别西天的云彩。
那河畔的金柳，
是夕阳中的新娘；
波光里的艳影，
在我的心头荡漾。
软泥上的青荇，
油油的在水底招摇；
在康河的柔波里，
我甘心做一条水草！
那榆荫下的一潭，
不是清泉，是天上虹，
揉碎在浮藻间，

◎ 柳树 法国 夏尔·弗朗索瓦·多比尼

沉淀着彩虹似的梦。
寻梦？撑一支长篙，
向青草更青处漫溯，
满载一船星辉，
在星辉斑斓里放歌。
但我不能放歌，
悄悄是别离的笙箫；
夏虫也为我沉默，
沉默是今晚的康桥！
悄悄的我走了，
正如我悄悄的来；
我挥一挥衣袖，
不带走一片云彩。

◎ 初晴 法国 卢梭

偶然

我是天空里的一片云，
偶尔投影在你的波心——
你不必讶异，
更无须欢喜——
在转瞬间消灭了踪影。
你我相逢在黑夜的海上，
你有你的，我有我的，方向；
你记得也好，
最好你忘掉，
在这交会时互放的光亮！

◎ 有丝柏和星星的小路 荷兰 梵高

我等候你

我等候你。
我望着户外的昏黄
如同望着将来，
我的心震盲了我的听。
你怎还不来？希望
在每一秒钟上允许开花。
我守候着你的步履，
你的笑语，你的脸，
你的柔软的发丝，
守候着你的一切；
希望在每一秒钟上
枯死——你在哪里？
我要你，要得我心里生痛，
我要你火焰似的笑，
要你的灵活的腰身，

你的发上眼角的飞星；
我陷落在迷醉的氛围中，
像一座岛，
在蟒绿的海涛间，不自主的在浮沉……

◎ 圣玛利的海景 荷兰 梵高

喔，我迫切的想望
你的来临，想望
那一朵神奇的优昙
开上时间的顶尖！
你为什么不来，忍心的！
你明知道，我知道你知道，
你这不来于我是致命的一击，
打死我生命中乍放的阳春，
教坚实如矿里的铁的黑暗，
压迫我的思想与呼吸；
打死可怜的希冀的嫩芽，
把我，囚犯似的，交付给
妒与愁苦，生的羞惭
与绝望的惨酷。
这也许是痴。竟许是痴。
我信我确然是痴；
但我不能转拨一支已然定向的舵，
万方的风息都不容许我犹豫——
我不能回头，运命驱策着我！
我也知道这多半是走向
毁灭的路；但
为了你，为了你，

我什么都甘愿；
这不仅我的热情，
我的仅有理性亦如此说。
痴！想磔碎一个生命的纤微
为要感动一个女人的心！
想博得的，能博得的，至多是
她的一滴泪，
她的一阵心酸，
竟许一半声漠然的冷笑；
但我也甘愿，即使
我粉身的消息传到
她的心里如同传给
一块顽石，她把我看作
一只地穴里的鼠，一条虫，
我还是甘愿！
痴到了真，是无条件的，
上帝他也无法调回一个
痴定了的心，如同一个将军
有时调回已上死线的士兵。
枉然，一切都是枉然，
你的不来是不容否认的实在，
虽则我心里烧着泼旺的火，

◎ 融化的雪 法国 塞尚

饥渴着你的一切，
你的发，你的笑，你的手脚；
任何的痴想与祈祷
不能缩短一小寸
你我间的距离！
户外的昏黄已然
凝聚成夜的乌黑，
树枝上挂着冰雪，
鸟雀们典去了它们的啁啾，
沉默是这一致穿孝的宇宙。
钟上的针不断的比着
玄妙的手势，像是指点，
像是同情，像的嘲讽，
每一次到点的打动，我听来是
我自己的心的
活埋的丧钟。

我有一个恋爱

我有一个恋爱——
我爱天上的明星，
我爱它们的晶莹：
人间没有这异样的神明。

在冷峭的暮冬的黄昏，
在寂寞的灰色的清晨。
在海上，在风雨后的山顶——
永远有一颗，万颗的明星！

山涧边小草花的知心，
高楼上小孩童的欢欣，
旅行人的灯亮与南针——
万万里外闪烁的精灵！

◎ 星空 荷兰 梵高

我有一个破碎的灵魂，
像一堆破碎的水晶，
散布在荒野的枯草里——
饱啜你一瞬瞬的殷勤。

人生的冰激与柔情，
我也曾尝味，我也曾容忍；
有时阶砌下蟋蟀的秋吟，
引起我心伤，逼迫我泪零。

我袒露我的坦白的胸襟，
献爱与一天的明星；
任凭人生是幻是真，
地球存在或是消泯——
太空中永远不昧的明星！

恋爱到底是什么一回事

恋爱他到底是什么一回事？——
他来的时候我还不曾出世；
太阳为我照上了二十几个年头，
我只是个孩子，认不识半点愁；
忽然有一天——我又爱又恨那一天——
我心坎里痒齐齐的有些不连牵，
那是我这辈子第一次的上当，
有人说是受伤——你摸摸我的胸膛——
他来的时候我还不曾出世，
恋爱他到底是什么一回事？
这来我变了，一只没笼头的马，
跑遍了荒凉的人生的旷野；
又像那古时刻献璞玉的楚人，
手指着心窝，说那里面有真有真，
你不信时一刀拉破我的心头肉，

◎ 一对恋人 荷兰 梵高

看那血淋淋的一掬是玉不是玉；
血！那无情的宰割，我的灵魂！
是谁逼迫我发最后的疑问？

疑问！这回我自己幸喜我的梦醒，
上帝，我没有病，再不来对你呻吟！
我再不想成仙，蓬莱不是我的分；
我只要这地面，情愿安分的做人，——
从此再不问恋爱是什么一回事，
反正他来的时候我还不曾出世！

翡冷翠[1]的一夜

你真的走了，明天？那我，那我，……
你也不用管，迟早有那一天；
你愿意记着我，就记着我，
要不然趁早忘了这世界上
有我，省得想起时空着恼，
只当是一个梦，一个幻想；
只当是前天我们见的残红，
怯怜怜的在风前抖擞，一瓣，
两瓣，落地，叫人踩，变泥……
唉，叫人踩，变泥——变了泥倒干净，
这半死不活的才叫是受罪，
看着寒伧，累赘，叫人白眼——
天呀！你何苦来，你何苦来……

1　翡冷翠，今译佛罗伦萨，意大利中部一城市。本文注释均为编者注。

我可忘不了你，那一天你来，
就比如黑暗的前途见了光彩，
你是我的先生，我爱，我的恩人，
你教给我什么是生命，什么是爱，
你惊醒我的昏迷，偿还我的天真，
没有你我哪知道天是高，草是青？
你摸摸我的心，它这下跳得多快；
再摸我的脸，烧得多焦，亏这夜黑
看不见；爱，我气都喘不过来了，
别亲我了；我受不住这烈火似的活，
这阵子我的灵魂就像是火砖上的
熟铁，在爱的锤子下，砸，砸，火花
四散的飞洒……我晕了，抱着我，
爱，就让我在这儿清静的园内，
闭着眼，死在你的胸前，多美！
头顶白杨树上的风声，沙沙的，
算是我的丧歌，这一阵清风，
橄榄林里吹来的，带着石榴花香，
就带了我的灵魂走，还有那萤火，
多情的殷勤的萤火，有他们照路，
我到了那三环洞的桥上再停步，
听你在这儿抱着我半暖的身体，

◎ 秋天的杨树道 荷兰 梵高

悲声的叫我，亲我，摇我，咂我；……
我就微笑的再跟着清风走，
随他领着我，天堂，地狱，哪儿都成，
反正丢了这可厌的人生，实现这死
在爱里，这爱中心的死，不强如
五百次的投生？……自私，我知道，
可我也管不着……你伴着我死？
什么，不成双就不是完全的“爱死”，
要飞升也得两对翅膀儿打伙，
进了天堂还不一样的要照顾，
我少不了你，你也不能没有我；
要是地狱，我单身去你更不放心，
你说地狱不定比这世界文明
（虽则我不信，）像我这娇嫩的花朵，
难保不再遭风暴，不叫雨打，
那时候我喊你，你也听不分明，——
那不是求解脱反投进了泥坑，
倒叫冷眼的鬼串通了冷心的人，
笑我的命运，笑你懦怯的粗心？
这话也有理，那叫我怎么办呢？
活着难，太难，就死也不得自由，
我又不愿你为我牺牲你的前程……

◎ 花园 法国 古斯塔夫·卡耶波特

唉！你说还是活着等，等那一天！
有那一天吗？——你在，就是我的信心；
可是天亮你就得走，你真的忍心
丢了我走？我又不能留你，这是命；
但这花，没阳光晒，没甘露浸，
不死也不免瓣尖儿焦萎，多可怜！
你不能忘我，爱，除了在你的心里，
我再没有命；是，我听你的话，我等，
等铁树儿开花我也得耐心等；
爱，你永远是我头顶的一颗明星：
要是不幸死了，我就变一个萤火，
在这园里，挨着草根，暗沉沉的飞，
黄昏飞到半夜，半夜飞到天明，
只愿天空不生云，我望得见天，
天上那颗不变的大星，那是你，
但愿你为我多放光明，隔着夜，
隔着天，通着恋爱的灵犀一点……

沙扬娜拉一首——赠日本女郎

最是那一低头的温柔，
像一朵水莲花不胜凉风的娇羞，
道一声珍重，道一声珍重，
那一声珍重里有蜜甜的忧愁——
沙扬娜拉！

◎ 盛开在玻璃杯里的杏树枝和一本书 荷兰 梵高

月下待杜鹃不来

看一回凝静的桥影，
数一数螺钿的波纹，
我倚暖了石栏的青苔，
青苔凉透了我的心坎；
月儿，你休学新娘羞，
把锦被掩盖你光艳首，
你昨宵也在此勾留，
可听她允许今夜来否？
听远村寺塔的钟声，
像梦里的轻涛吐复收，
省心海念潮的涨歇，
依稀漂泊踉跄的孤舟！
水粼粼，夜冥冥，思悠悠，
何处是我恋的多情友，
风飕飕，柳飘飘，榆钱斗斗，
令人长忆伤春的歌喉。

◎ 杜鹃 佚名

为谁

这几天秋天来得格外的尖厉：
我怕看我们的庭院，
树叶伤鸟似的猛旋，
中着了无形的利剑——
没了，全没了：生命，颜色，美丽！

就剩下西墙上的几道爬山虎：
它那豹斑似的秋色，
忍熬着风拳的打击，
低低的喘一声呜咽——
“我为你耐着！”它仿佛对我声诉。

它为我耐着，那艳色的秋萝，
但秋风不容情的追，
追，（摧残是它的恩惠！）

追尽了生命的余辉——
这回墙上不见了勇敢的秋萝！
今夜那青天的三星在天上，
倾听着秋后的空院，
悄悄的，更不闻鸣咽：
落叶在泥土里安眠——
只我在这深夜，啊，为谁凄惘？

◎ 南米西的秋天 法国 皮埃尔·尤金·芒特金

残春

昨天我瓶子里斜插着的桃花，
是朵朵媚笑在美人的腮边挂；
今儿它们全低了头，全变了相：——
红的白的尸体倒悬在青条上。

窗外的风雨报告残春的运命，
丧钟似的音响在黑夜里叮咛：
“你那生命的瓶子里的鲜花
也变了样：艳丽的尸体，谁给收殓？”

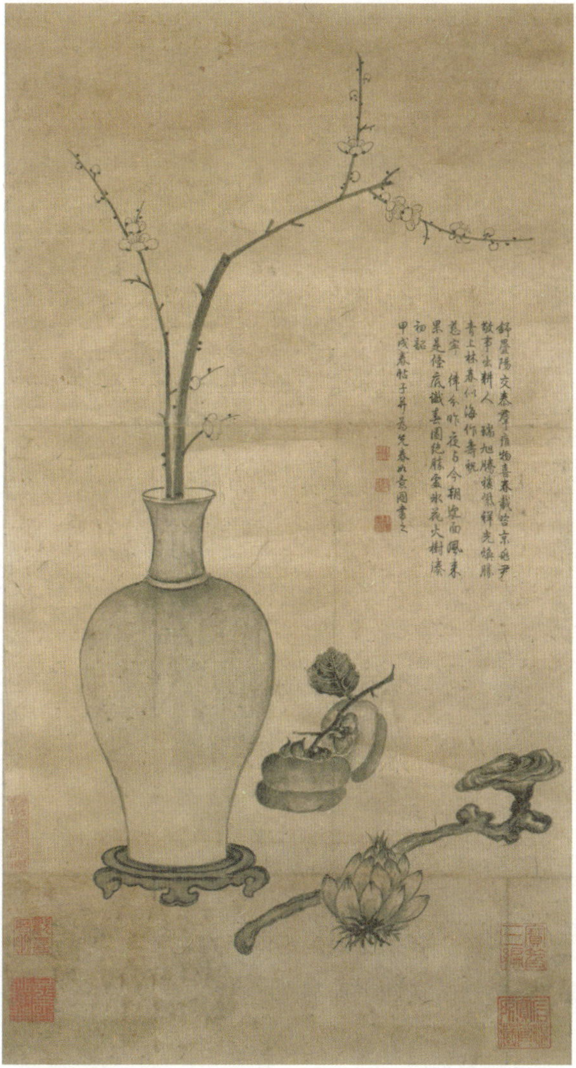

◎ 先春如意图纸本 清 乾隆

雪花的快乐

假如我是一朵雪花，
翩翩的在半空里潇洒，
我一定认清我的方向——
飞扬，飞扬，飞扬——
这地面上有我的方向。

不去那冷寞的幽谷，
不去那凄清的山麓，
也不上荒街去惆怅——
飞扬，飞扬，飞扬——
你看，我有我的方向！
在半空里娟娟地飞舞，
认明了那清幽的住处，
等着她来花园里探望——
飞扬，飞扬，飞扬——

啊，她身上有朱砂梅的清香！

那时我凭借我的身轻，
盈盈地，沾住了她的衣襟，
贴近她柔波似的心胸——
消融，消融，消融——
溶入了她柔波似的心胸！

◎ 雪景山水页 宋 梁楷

在那山道旁

在那山道旁，一天雾蒙蒙的朝上，
初生的小蓝花在草丛里窥觑，
我送别她归去，与她在此分离，
在青草里飘拂，她的洁白的裙衣。
我不曾开言，她亦不曾告辞，
驻足在山道旁，我暗暗的寻思：
“吐露你的秘密，这不是最好时机？”
露沾的小草花，仿佛恼我的迟疑。
为什么迟疑，这是最后的时机，
在这山道旁，在这雾盲的朝上？
收集了勇气，向着她我旋转身去：
但是啊，为什么她这满眼凄惶？
我咽住了我的话，低下了我的头，
水灼与冰激在我的心胸间回荡，
啊，我认识了我的命运，她的忧愁，

在这浓雾里，在这凄清的道旁！
在那天朝上，在雾茫茫的山道旁，
新生的小蓝花在草丛里睥睨，
我目送她远去，与她从此分离——
在青草间飘拂她那洁白的裙衣！

◎ 月亮 法国 亨利·卢梭

呻吟语

我亦愿意赞美这神奇的宇宙，
我亦愿意忘却了人间有忧愁，
像一只没挂累的梅花雀，
清朝上歌唱，黄昏时跳跃；
假如她清风似的常在我的左右！
我亦想望我的诗句清水似的流，
我亦想望我的心池鱼似的悠悠；
但如今膏火是我的心，
再休问我闲暇的诗情？
上帝！你一天不还她生命与自由！

◎ 梅花双雀图 宋 马麟（传）

云游

那天你翩翩的在空际云游，
自在，轻盈，你本不想停留
在天的那方或地的那角，
你的愉快是无拦阻的逍遥。

你更不经意在卑微的地面
有一流涧水，虽则你的明艳
在过路时点染了他的空灵，
使他惊醒，将你的倩影抱紧。

他抱紧的是绵密的忧愁，
因为美不能在风光中静止；
他要，你已飞渡万重的山头，
去更阔大的湖海投射影子！
他在为你消瘦，那一流涧水，
在无能的盼望，盼望你飞回！

◎ 云天下的麦田 荷兰 梵高

客中

今晚天上有半轮的下弦月；
我想携着她的手
往明月多处走——
一样是清光，我说，圆满或残缺。
园里有一树开剩的玉兰花；
她有的是爱花癖，
我爱看她的怜惜——
一样是芬芳，她说，满花与残花。
浓阴里有一只过时的夜莺，
她受了秋凉，
不如从前浏亮
快死了，她说，但我不悔我的痴情！
但这莺，这一树花，这半轮月——
我独自沉吟，
对着我的身影——
她在哪里，啊，为什么伤悲，凋谢，残缺？

◎ 海棠玉兰图 意大利 郎世宁

生活

阴沉，黑暗，毒蛇似的蜿蜒，
生活逼成了一条甬道：
一度陷入，你只可向前，
手扪索着冷壁的黏潮，
在妖魔的脏腑内挣扎，
头顶不见一线的天光，
这魂魄，在恐怖的压迫下，
除了消灭更有什么愿望？

◎ 森林中的岩石 法国 塞尚

我不知道风是在哪一个方向吹

我不知道风
是在哪一个方向吹——
我是在梦中，
在梦的轻波里依洄。
我不知道风
是在哪一个方向吹——
我是在梦中，
她的温存，我的迷醉。
我不知道风
是在哪一个方向吹——
我是在梦中，
甜美是梦里的光辉。
我不知道风
是在哪一个方向吹——
我是在梦中，
她的负心，我的伤悲。

◎ 红头发的女人 意大利 阿美迪欧·莫蒂里安尼

我不知道风
是在哪一个方向吹——
我是在梦中，
在梦的悲哀里心碎！
我不知道风
是在哪一个方向吹——
我是在梦中，
黯淡是梦里的光辉。

最后的那一天

在春风不再回来的那一年，
在枯枝不再青条的那一天，
那时间天空再没有光照，
只黑蒙蒙的妖氛弥漫着
太阳，月亮，星光死去了的空间；
在一切标准推翻的那一天，
在一切价值重估的那时间：
暴露在最后审判的威灵中
一切的虚伪与虚荣与虚空：
赤裸裸的灵魂们匍匐在主的跟前；
我爱，那时间你我再不必张皇，
更不须声诉，辨冤，再不必隐藏，
你我的心，像一朵雪白的并蒂莲，
在爱的青梗上秀挺，欢欣，鲜妍，
在主的跟前，爱是唯一的荣光。

◎ 穿着舞会礼服的年轻女孩 法国 贝蒂·莫里索

心在路上，念在远方

我明媚的笑容背后，
唯有你才能明白
那缕化不开的忧伤。

白郎宁夫人的情诗（节选）

一

“伟大的灵魂们是永远孤单的”。不是他们甘愿孤单，他们是不能不孤单。他们的要求与需要不是寻常人的要求与需要；他们评价的标准也不是寻常的标准。他们到人间来一样的要爱、要安慰，要认识、要了解。但不幸他们的组织有时是太复杂太深奥太曲折了，这浅薄的人生不能担保他们的满足。只有生物性生活的人们，比方说，只要有饭吃，有衣穿，有相当的异性配对，他们就可以平安的过去，再不来抱怨什么，惆怅什么。

一个诗人，一个艺术家，却往往不能这样容易对付。天才是不容易伺候的。在别的事情方面还可以迁就，配偶这件事最是问题。想象你做一个大诗人或大画家的太太（或是丈夫，在男女享受平等权利的时候）！你做到一个贤字，他不定见你情，你做到一个良字，他不定说你对。他们不定要生活上的满足，那他们有时尽可随便，他们却想象一种超生活的满足，因为他们的生活不是生根在这现象的世界上。你忙着替他补袜子，端整点心，他说你这是白忙，他破的不是袜子，他饿的不是肚子！这样的男人（或是女人）真是够别扭的，叫你摸不着他（或她）的脾胃。

他快活的时候简直是发疯，也许当着人前就搂住了你亲，也不知是为些什么。他发愁的时候一只脸绷得老长，成天可以不开口，整晚可以不睡，像是跟谁不共天日的过不去，也不知是又为些什么。一百个女人里有九十九喜欢她们的丈夫是明白晓畅一流，说什么是什么，顾室家，体惜太太，到晚上睡着了就开着嘴甜甜的打呼。谁受得了一个诗人，他——

"……Wants to know
What one has felt from earliest days,
Why one thought not in other ways,
And one's loves of long ago".[1]

因此室家这件事在有天才的人们十九是没有幸福的。"我不能想象一个有太太的思想家"，尼采说。怎怪得很多的大艺术家，比如达文奢[2]与密佐郎其罗[3]，终身不曾想到过成家？他们

---

1 ……想知道，别人在最早时候的感觉，为什么他没有换一种方式思考，还有他许久以前的爱情。——引自韩石山编《徐志摩全集》第三卷，天津人民出版社，2005。

2 达文奢，今译达·芬奇，意大利文艺复兴时期画家、科学家、发明家。

3 密佐郎其罗，今译米开朗琪罗，意大利文艺复兴时期伟大的绘画家、雕塑家、建筑师和诗人。

是为艺术活着的，再没有余力来敷衍一个家。就是在成家的中间，在全部思想文艺史上，你举得出几个人在结婚这件事上说得到圆满的。拜伦的离婚，他一生颠沛的张本，就为得他那太太只顾得替他补袜子端整点心。

歌德一生只是浮沉在无定的恋爱的浪花间，但他的结婚是没有多大光彩的。卢骚[1]先生检到了一个客寓里扫地的下女就算完事一宗。哈哀内的玛蒂尔代又是一个不认字的姑娘，虽则她的颜色足够我们诗人的倾倒。史文庞[2]孤独了一生，济慈为了一个娶不着的女人呕血。喀莱尔蒙着了一个又俊又慧的洁痕韦尔许，但他的怪僻只酿成了一个历史上有名不快活的家庭。这一路的人真难得知道幸福的。

◎ 歌德像

1 卢骚，今译卢梭，法国十八世纪启蒙思想家、哲学家、教育家、文学家。

2 史文庞，今译史文朋，英国诗人。

二

本来恋爱是一件事，夫妻又是一件事。拿破仑说结婚是恋爱的埋葬。这话的意思是说这两件事儿是不相容的。这不是说夫妻间就没有爱。世上尽有十分相爱的夫妻。但“浪漫的爱”，它那热度不是不寻常温度表所能测量的，却是提另一回事。比如罗密欧与朱丽叶那故事。它那动人，它那美，它那力量，就在一个惨死。死是有恩惠的，它成全了真有情人热情的永恒。朱丽叶要是做了罗密欧太太，过天发了福，走道都显累赘，再带着一大群的儿女，那还有什么意味？剧烈的东西是不能久长的：这是物理。由恋爱而结婚的人当然多的是，但谁能维持那初恋时一股子又泼辣又猖獗像是狂风像是暴雨的热情？结婚是成家。家本身就包涵有长久，即使不是永久的意义。有家就免不了家务，家累，尤其免不了小安琪儿们的降生。所以全看你怎样看法。如其现代多的是新发明的种种人生观，恋爱观的种类也不得单简。最发挥狭义的恋爱观的要算是哥谛霭的马斑小姐，她只准她的情人一整宵透明的浓艳的快乐，算是彼此尽情的还愿，不到天晓她就偷偷的告别，一辈子再不许他会面，她的唯一的理由就是要保全那“浪漫的热恋”的晶莹的印象。一往下拖就毁！但是话说回来，这类的见解，虽则美，当然是窄，有时竟有害，为人类繁衍的大目标计，是不应得听凭蔓延的。爱是不能没有的，但不能太热了。情感不能不受理性的相当节制与调剂。浪漫的爱虽则是纯粹的吕律格，但结婚的爱也不一定是宽弛的散文。靠着在月光中泛滥的白石栏杆，散披着一头金黄的发丝，在夜莺的歌声中吸呼情致的缠绵，固然是好玩，但戴上老棉帽披着睡衣看尊夫人忙着招呼小儿女的鞋袜同时得照料你的早餐的冷热，也未始没有一种可寻味的幽默。露水甜，雨水也不定是酸。

假如更进一步说，一对夫妻的结合不但是渊源于纯粹的相爱，不是肤浅的颠倒，而是意识的心性的相知，而且能使这部纯粹的感情建筑成一个永久的共同生活的基础，在一个结婚的事实里阐发了不止一宗美的与高尚的德性，那一对夫妻怕还不是人类社会一个永久的榜样与灵感？

三

但不幸这类完全的夫妻在人类社会上实在是难得，虽则恋爱与结婚同是普遍而且普通的一回事。好夫妻，贤孟梁，才子佳人，福寿双全子孙满堂的老伉俪，当然是有，多的是，但要一对完全创造性的配偶，在人类进化史上划高一道水平线，同时给厌世主义者一个积极的答复，哪里有？男子间常有伟大的友谊，例如歌德与席勒的，他们那彼此相互的启发与共同擎举的事业是一个永远不可磨灭的灵感。夫妻呢？

在女子在教育上不曾得到完全的解放，在社会不得到与男

◎ 婚礼派对 法国 卢梭

子平等的地位，我们不能得到一个正确的夫妇的观念。在一个时候女性是战利品，在又一个时候女性是玩物。在一个时候女性是装饰，是奢侈品。在又一个时候女性是家奴。在所有的时候女性是“母畜”，它的唯一的使命与用处是为人类传种。因此人类的历史是男性的光荣，它的机会是男性的专利。直到最近的百年前，跟着一般思想的解放，女性身上的压迫方始有松放的希冀，又跟着女权的运动，婚姻的观念方始得到了根本的修正，原先的谬误渐次在事实的显著中消失。

这是一件大事，因为女性的解放不仅给我们文化努力一宗心田的力量，它是我们理想中合理生活的实现的一个必要条件。夫妻是两个个性自由的化合；这是最密切的伙伴，最富创造性的一宗冒险。

◎ 女孩肖像 意大利 莫迪里阿尼

曼殊斐儿[1]

这心灵深处的欢畅，
这情绪境界的壮旷：
任天堂沉沦，地狱开放，
毁不了我内府的宝藏！

——《康河晚照即景》

美感的记忆，是人生最可珍的产业。认识美的本能，是上帝给我们进天堂的一把秘钥。

有人的性情，例如我自己的，如以气候喻，不但是阴晴相间，而且常有狂风暴风，也有最艳丽蓬勃的春光。有时遭逢幻灭，引起厌世的悲观，铅般的重压在心上，比如冬令阴霾，到处冰结，莫有些微生气；那时便怀疑一切：宇宙、人生、自我，都只是幻的妄的；人情、希望、理想，也只是妄的幻的。

1　曼殊斐尔，今译曼斯菲尔德，英国作家。

Ah, human nature, how,

If utterly frail thou art and vile,

If dust thou art and ashes, is thy heart so great?

If thou art noble in part,

How are thy loftiest impulses and thoughts

By so ignoble causes kindled and put out?

"Sopra un ritratto di una bella donna."[1]

这几行是最深入的悲观派诗人理巴第（Leopardi）[2]的诗；一座荒坟的墓碑上，刻着冢中人生前美丽的肖像，激起了他这根本的疑问——若说人生是有理可寻的，何以到处只是矛盾的现象；若说美是幻的，何以他引起的心灵反动能有如此之深刻，若说美是真的，何以也与常物同归腐朽？但理巴第探海灯似的智力虽则把人间种种事物虚幻的外象，一一给褫剥了，连宗教都剥成了个赤裸的梦，他却没有力量来否认美，美的创现他只能认为是神奇的；他也不能否认高洁的精神恋，虽则他不信女子也能有同样的境界。在感美感恋最纯粹的一刹那间，理巴第不能不承认是极乐天国的消息，不能不承认是生命中最宝贵的经

1　啊，人性，如果，你是脆弱与卑下的话，如果你是尘与灰的话，为何你的心却如此伟大？如果你部分是高尚的话，为何你最崇高的冲动和思想，却由如此卑贱的原因引起和扑灭？（最后一句无从考证）——引自韩石山编《徐志摩全集》第一卷，天津人民出版社，2005。

2　理巴第（Leopardi），今译莱奥帕尔迪，意大利诗人。

验。所以我每次无聊到极点的时候，在层冰般严封的心河底里，突然涌起一股消融一切的热流，顷刻间消融了厌世的凝晶，消融了烦恼的苦冻；那热流便是感美感恋最纯粹的一俄顷之回忆。

To see a world in a grain of sand,
And a Heaven in a wild flower,
Hold Infinity in the palm of your hand,
And eternity in an hour,
Auguries of fnnocence : William Blake

从一颗沙里看出世界，
天堂的消息在一朵野花，
将无限存在你的掌上，
刹那间涵有无穷的边涯……

◎ 曼殊斐儿像

这类神秘性的感觉，当然不是普遍的经验，也不是常有的经验。凡事只讲实际的人，当然嘲讽神秘主义，当然不能相信科学可解释的神经作用，会发生科学所不能解释的神秘感觉。但世上“可为知者道不可与不知者言”的事正多着哩！

从前在十六世纪，有一次有一个意大利的牧师学者到英国乡下去，见了一大片盛开的苜蓿在阳光中竟同一湖欢舞的黄金，他只惊喜得手足无措，慌忙跪在地上，仰天祷告，感谢上帝的恩典，使他得见这样的美，这样的神景。他这样发疯似的举动当时一定招起在旁乡下人的哗笑。我这篇要讲的经历，恐怕也有些那牧师狂喜的疯态，但我也深信读者里自有同情的人，所以我也不怕遭乡下人的笑话！

去年七月中有一天晚上，天雨地湿，我独自冒着雨在伦敦的海姆司堆特（Hampstead）[1]问路警，问行人，在寻彭德街第十号的屋子。那就是我初次，不幸也是末次，会见曼殊斐儿——“那二十分不死的时间！”——的一晚。

我先认识麦雷君John Middleton Murry，他是Athenaeum[2]的总主笔，诗人，著名的评衡家，也是曼殊斐儿一生最后十余年间最密切的伴侣。

他和她自一九一三年起，即夫妇相处，但曼殊斐儿却始终

1 海姆司堆特（Hampstead），今译汉普斯特得，英国伦敦北部一住宅区。

2 Athenaeum，杂志《雅典娜神殿》。

用她到英国以后的“笔名”Katherine Mansfield[1]。她生长于纽新兰New Zealand，原名是Kathleen Beanchamp[2]，是纽新兰银行经理Sir Harold Beanchamp[3]的女儿，她十五年前离开了本乡，同着她三个小妹子到英国，进伦敦大学皇后学院读书，她从小即以美慧著名，但身体也从小即很怯弱。她曾在德国住过，那时她写她的第一本小说“In a German Pension”[4]。大战期内她在法国的时候多，近几年她也常在瑞士、意大利及法国南部。她常住外国，就为她身体太弱，禁不得英伦雾迷雨苦的天时，麦雷为了伴她，也只得把一部分的事业放弃，（“Athenaeum”之所以并入“London Nation[5]”就为此。）跟着他安琪儿似的爱妻，寻求健康。据说可怜的曼殊斐儿战后得了肺病证明以后，医生明说她不过三两年的寿限，所以麦雷和她相处有限的光阴，真是分秒可数。多见一次夕照，多经一次朝旭，她优昙似的余荣，便也消灭了如许的活力，这颇使想起茶花女一面吐血一面纵酒恣欢时的名句：

“You know I have not long to live，therefore I will live fast！”

——你知道我是活不久长的，所以我存心活他一个痛快！

---

1 Katherine Mansfield，凯瑟琳·曼斯菲尔德。

2 Kathleen Beanchamp，凯瑟琳·比坎普。

3 Sir Harold Beanchamp，哈罗德·比坎普先生。

4 In a German Pension，《在德国公寓里》。

5 London Nation，杂志名。

◎ 雨天的巴黎街道 法国 古斯塔夫·卡耶博特

我正不知道多情的麦雷，眼看这艳丽无双的夕阳，渐渐消翳，心里“爱莫能助”的悲感，浓烈到何等田地！

但曼殊斐儿的“活他一个痛快”的方法，却不是像茶花女的纵酒恣欢，而是在文艺中努力；她像夏夜榆林中的鹃鸟，呕出缕缕的心血来制成无双的情曲，便唱到血枯音嘶，也还不忘她的责任是牺牲自己有限的精力，替自然界多增几分的美，给苦闷的人间几分艺术化精神的安慰。

她心血所凝成的便是两本小说集，一本是“Bliss”[1]，一本是去年出版的“Garden Party”[2]。凭这两部书里的二三十篇小说，她已经在英国的文学界里占了一个很稳固的位置。一般的小说只是小说，她的小说却是纯粹的文学，真的艺术；平常的作者只求暂时的流行，博群众的欢迎，她却只想留下几小块“时灰”掩不暗的真晶，只要得少数知音者的赞赏。

但唯其纯粹的文学，她著作的光彩是深蕴于内而不是显露于外的，其趣味也须读者用心咀嚼，方能充分的理会。我承作者当面许可选译她的精品，如今她已去世，我更应珍重实行我翻译的特权，虽则我颇怀疑我自己的胜任。我的好友陈通伯他所知道的欧洲文学恐怕在北京比谁都更渊博些，他在北大教短篇小说，曾经讲过曼殊斐儿的，这很使我欢喜。他现在也答应也来选译几篇，我更要感谢他了。关于她短篇艺术的长处，我也希望通伯能有机会说一点。

现在让我讲那晚怎样的会晤曼殊斐儿，早几天我和麦雷在Charing Cross[3]背后一家嘈杂的A.B.C.茶店里，讨论英法文坛的状况，我乘便说起近几年中国文艺复兴的趋向，在小说里感受俄国作者的影响最深，他的几于跳了起来，因为他们夫妻最

1 Bliss，《幸福》。

2 Garden Party，园会。

3 Charing Cross，伦敦一街名，为旧书店集中的所在。

崇拜俄国的几位大家，他曾经特别研究过道施滔庵符斯基[1]，著有一本“Dostoyevsky：A Critical Study”[2]，曼殊斐儿又是私淑契高夫（Tchekhov）[3]的，他们常在抱憾俄国文学始终不会受英国人相当的注意，因之小说的质与式，还脱不尽维多利亚时期“Philistinism”[4]。我又乘便问起曼殊斐儿的近况，他说她这一时身体颇过得去，所以此次敢伴着她回伦敦来住两个星期，他就给了我他们的住址，请我星期四，晚上去会她和他们的朋友。

所以我会见曼殊斐儿，真算是凑巧的凑巧，星期三那天我到惠尔思（H.G.Wells）[5]乡里的家去了（Easten Clede[6]），下一天和他的夫人一同回伦敦，那天雨下得很大，我记得回寓时浑身都淋湿了。

他们在彭德街的寓处，很不容易找，（伦敦寻地方总是麻烦的，我恨极了那个回街曲巷的伦敦。）后来居然寻着了，一家小小一楼一底的屋子，麦雷出来替我开门，我颇狼狈的拿着雨伞，还拿着一个朋友还我的几卷中国字画，进了门。我脱了雨具，他让我进右首一间屋子，我到那时为止对于曼殊斐儿只

---

1 道施滔庵符斯基，今译陀思妥耶夫斯基，俄国作家。

2 Dostoyevsky：A Critical Study，《陀思妥耶夫斯基：批评的研究》。

3 契高夫（Tchekhov），今译契诃夫，俄国作家。

4 Philistinism，庸俗。

5 惠尔思（H.G.Wells），今译韦尔斯，英国作家。

6 Easten Clede，东克莱德，地名。

◎ 雨中 法国 皮埃尔·尤金·芒特金

是对于一个有名的年轻女作家的景仰与期望；至于她的“仙姿灵态”我那时绝对没有想到，我以为她只是与Rose Macaulay[1]，Virginia Woolf[2]，Roma Wilson[3]，Vanessa Bell[4]几位女文学家的同

1 Rose Macaulay，麦考利，英国小说家。
2 Virginia Woolf，伍尔芙，英国小说家。
3 Roma Wilson，不详，无从考证。
4 Vanessa Bell，贝尔，英国画家。

流人物。平常男子文学家与美术家，已经尽够怪僻，近代女子文学家更似乎故意养成怪僻的习惯，最显著的一个通习是装饰之务淡朴，务不入时，务“背女性”：头发是剪了的，又不好好的收拾，一团和糟的散在肩上；袜子永远是粗纱的；鞋上不是有泥就有灰，并且大都是最难看的样式；裙子不是异样的短就是过分的长，眉目间也许有一两圈“天才的黄晕”，或是带着最可厌的美国式龟壳大眼镜，但她们的脸上却从不见脂粉的痕迹，手上装饰亦是永远没有的，至多无非是多烧了香烟的焦痕；哗笑的声音，十次里有九次半盖过同座的男子；走起来也是挺胸凸肚的，再也辨不出是夏娃的后身；开起口来大半是男子不敢出口的话；当然最喜欢讨论的是Freudian Complex[1]，Birth Control[2]或是George Moore[3]与James Joyce[4]私人印行的新书，例如“A Story teller's Holiday”[5]与“Ulysses”[6]。总之她们的全人格只是妇女解放的一幅讽刺画。(Amy Lowell[7]听说整天的抽大雪茄！)和这一班立意反对上帝造人的本意的“唯智的”女子在一起，当然也有许多有趣味的地方。但有时总不免感觉她们矫

1　Freudian Complex，弗洛伊德情结。

2　Birth Control，节育。

3　George Moore，穆尔，爱尔兰小说家。

4　James Joyce，乔伊斯，爱尔兰小说家。

5　A Story teller's Holiday，《一个小说家的假日》。

6　Ulysses，《尤利西斯》。

7　Amy Lowell，洛威尔，美国作家。

揉造作的痕迹过深，引起一种性的憎忌。

我当时未见曼殊斐儿以前，固然并没有预想她是这样一流的Futuristic[1]，但也绝对没有梦想到她是女性的理想化。

所以我推进那时，我就盼望她——一个将近中年和蔼的妇人——笑盈盈的从壁炉前沙发上站起来和我握手问安。

但房里——一间狭长的壁炉对门的房——只见鹅黄色恬静的灯光，壁上炉架上杂色的美术的陈设和画件，几张有彩色画套的沙发围列在炉前，却没有一半个人影。麦雷让我一张椅上坐了，伴着我谈天，谈的是东方的观音和耶教的圣母，希腊的Virgin Diana[2]，埃及的Isis[3]，波斯的Mithraism[4]里的Virgin[5]等等之相仿佛，似乎处女的圣母是所有宗教里一个不可少的象征……我们正讲着，只听得门上一声剥啄，接着进来了一位年轻的女郎，含笑着站在门口。"难道她就是曼殊斐儿——这样的年轻……"我心里在疑惑。她一头的褐色卷发，盖着一张小圆脸，眼极活泼，口也很灵动，配着一身极鲜艳的衣装——漆鞋，绿丝长袜，银红绸的上衣，酱紫的丝绒裙，——亭亭的立着，像一颗临风的郁金香。

---

1 Futuristic，未来主义。

2 Virgin Diana，处女狄安娜，希腊神话故事中的阿尔特弥斯。

3 Isis，伊希斯，古代埃及神话人物。

4 Mithraism，密特拉教，帝国时期罗马密传宗教之一。

5 Virgin，处女。

麦雷起来替我介绍，我才知道她不是曼殊斐儿，而是屋主人，不知是密司B什么，我记不清了，麦雷是暂寓在她家的；她是个画家，壁挂的画，大都是她自己的，她在我对面的椅上坐了，她从炉架上取下一个小发电机似的东西拿在手里，头上又戴了一个接电话生戴的听箍，向我凑得很近的说话，我先还当是无线电的玩具，随后方知这位秀美的女郎，听觉和我自己的视觉仿佛，要借人为方法来补充先天的不足。（我那时就想起聋美人是个好诗题，对她私语的风情是不可能的了！）

她正坐定，外面的门铃大响——我疑心她的门铃是特别响些，来的是我在法兰先生（Roger Fry）[1]家里会过的Sydney Waterloo[2]，极诙谐的一位先生，有一次他从他巨大的口袋里一连摸出了七八支的烟斗，大的小的长的短的，各种颜色的，叫我们好笑。他进来就问麦雷，迦赛林今天怎样，我竖起了耳朵听他的回答。麦雷说："她今天不下楼了，天气太坏，谁都不受用……"华德鲁就问他可否上楼去看她，麦说可以的。华又问了密司B的允许站了起来，他正要走出门，麦雷又赶过去轻轻的说："Sydney，don't talk too much！"[3]

楼上微微听得出步响，W已在迦赛林房中了。一面又来

1　法兰先生（Roger Fry），今译弗赖，英国画家。

2　Sydney Waterloo，不详。

3　Sydney，don't talk too much！锡德尼，不要谈得太多！

了两个客，一个短的M才从希腊回来，一个轩昂的美丈夫，就是London Nation and Athenaeum里每周做科学文章署名S的Sullivan[1]。M就讲他游希腊的情形，尽背着古希腊的史迹名胜，Parnassus[2]长，Mycenae[3]短，讲个不住。S也问麦雷迦赛林如何，麦说今晚不下楼，W现在楼上。过了半点钟模样，W笨重的足音下来了，S就问他迦赛林倦了没有，W说："不，不像倦，可是我也说不上，我怕她累，所以我下来了。"再等一歇，S也问了麦雷的允许上楼去，麦也照样的叮嘱他不要让她乏了。麦问我中国的书画，我乘便就拿那晚带去的一幅赵之谦的"草书法画梅"，一幅王觉斯的草书，一幅梁山舟的行书，打开给他们看，讲了些书法大意，密司B听得高兴，手捧着她的听盘，挨近我身旁坐着。

但我那时心里却颇有些失望，因为冒着雨存心要来一会Bliss的作者，偏偏她又不下楼；同时W，S，麦雷的烘云托月，又增加了我对她的好奇心。我想运气不好，迦赛林在楼上，老朋友还有进房去谈的特权，我外国人的生客，一定是没有份的了，我只得起身告别，走出房门，麦雷陪出来帮我穿雨衣，我一面穿衣，一面说我很抱歉，今晚密司曼殊斐儿不能下来，否则我是很想望会她的。但麦雷却很诚恳的说："如其你不介意，

---

1 Sullivan，苏利文。

2 Parnassus，帕纳萨斯山。

3 Mycenae，迈锡尼，希腊南部古城。

◎ 大吉羊富贵 清 赵之谦

不妨请上楼去一见。”我听了这话喜出望外立即将雨衣脱下，跟着麦雷一步一步的上楼梯……

上了楼梯，叩门，进房，介绍，S告辞，和M一同出房，关门，她请我坐了，我坐下，她也坐下……这么一大串繁复的手续，我只觉得是像电火似的一扯过，其实我只推想应有这么些逻辑的经过，却并不曾亲切的一一感到；当时只觉得一阵模糊，事后每次回想也只觉得是一阵模糊，我们平常从黑暗的街里走进一间灯烛辉煌的屋子，或是从光薄的屋子里出来骤然对着盛烈的阳光，往往觉得耀光太强，头晕目眩的要定一定神，方能辨认眼前的事物。用英文说就是Senses overwhelmed by excessive light[1]，不仅是光，浓烈的颜色，有时也有“潮没”官觉的效能。我想我那时，虽不定是被曼殊斐儿人格的烈光所潮没，她房里的灯光陈设以及她自身衣饰种种各品浓艳灿烂的颜色，已够使我不预防的神经，感觉刹那间的淆惑，那是很可理解的。

她的房给我的印象并不清切，因为她和我谈话时不容我分心去认记房中的布置，我只知道房是很小，一张大床差不多就占了全房大部分的地位，壁是用画纸裱的，挂着好几幅油画大概也是主人画的，她和我同坐在床左贴壁一张沙发榻上。因为我斜倚她正坐的缘故，她似乎比我高得多，（在她面前哪一个

1 Senses overwhelmed by excessive light，过强的光线使感官觉得晕眩。

不是低的，真的！）我疑心那两盏电灯是用红色罩的，否则何以我想起那房，便联想起，“红烛高烧”的景象！但背景究属不甚重要，重要的是给我最纯粹的美感的——The purest aesthetic feeling——她；是使我使用上帝给我那把进天国的秘钥的——她；是使我灵魂的内府里又增加了一部宝藏的——她。但要用不驯服的文字来描写那晚。她，不要说显示她人格的精华，就是忠实地表现我当时的单纯感象，恐怕就够难的一个题目。从前有一个人一次做梦，进天堂去玩了，他异样的欢喜，明天一起身就到他朋友那里去，想描摹他神妙不过的梦境。

但是！他站在朋友面前，结住舌头，一个字都说不出来，因为他要说的时候，才觉得他所学的人间适用的字句，绝对不能表现他梦里所见天堂的景色，他气得从此不开口，后来就抑郁而死，我此时妄想用字来活现出一个曼殊斐儿，也差不多有同样的感觉，但我却宁可冒猥渎神灵的罪，免得像那位诚实君子活活的闷死。她也是铄亮的漆皮鞋，闪色的绿丝袜，枣红丝绒的围裙，嫩黄薄绸的上衣，领口是尖开的，胸前挂一串细珍珠，袖口只齐及肘弯。她的发是黑的，也同密司B一样剪短的，但她栉发的式样，却是我在欧美从没有见过的，我疑心她有心仿效中国式，因为她的发不但纯黑而且直而不卷，整整齐齐的一圈，前面像我们十余年前的“刘海”梳得光滑异常，我虽则说不出所以然我只觉她发之美也是生平所仅见。

◎ 蓝色背景女人画像 荷兰 梵高

至于她眉目口鼻之清之秀之明净，我其实不能传神于万一，仿佛你对着自然界的杰作，不论是秋月洗净的湖山，霞彩纷披的夕照，南洋里莹澈的星空，或是艺术界的杰作，培德花芬[1]的沁芳南，怀格纳的奥配拉，密克郎其罗[2]的雕像，卫师德拉（Whistler）[3]或是柯罗（Corot）的画；你只觉得他们整体的美，纯粹的美，完全的美，不能分析的美，可感不可说的美；你仿佛直接无碍的领会了造化最高明的意志，你在最伟大深刻的戟刺中经验了无限的欢喜，在更大的人格中解化了你的性灵。我看了曼殊斐儿像印度最纯澈的碧玉似的容貌，受着她充满了灵魂的电流的凝视，感着她最和软的春风似神态，所得的总量我只能称之为一整个的美感。她仿佛是个透明体，你只感讶她粹极的灵澈性，却看不见一些杂质。就是她一身的艳服，如其别人穿着，也许会引起琐碎的批评，但在她身上，你只是觉得妥帖，像牡丹的绿叶，只是不可少的衬托，汤林生，她生前的一个好友，以阿尔帕斯山巅万古不融的雪，来比拟她清极超俗的美，我以为很有意味的；她说：

曼殊斐儿以美称，然美固未足以状其真，世以可人为美，

1 培德花芬，今译贝多芬，德国音乐家。

2 密克郎其罗，今译米开朗琪罗，意大利文艺复兴时期绘画家、雕塑家、建筑师和诗人。

3 卫师德拉（Whistler），今译惠斯勒，美国画家。

曼殊斐儿固可人矣，然何其脱尽尘寰气。一若高山琼雪，清澈重霄，其美可惊，而其凉亦可感。艳阳被雪，幻成异彩，亦明明可识，然亦似神境在远，不隶人间。曼殊斐儿肌肤明皙如纯牙，其官之秀，其目之黑，其颊之腴，其约发环整如髹，其神态之闲静，有华族粲者之明粹，而无西艳伉杰之容。其躯体尤苗约，绰如也，若明蜡之静焰，若晨星之淡妙，就语者未尝不自讶其吐息之重浊，而虑是静且淡者之且神化……

汤林生又说她锐敏的目光，似乎直接透入你灵府深处，将你所蕴藏的秘密，一齐照彻，所以他说她有鬼气，有仙气，她对着你看，不是见你的面之表，而是见你心之底，但她却大是侦刺你的内蕴，不是有目的搜罗，而只是同情的体贴。你在她面前，自然会感觉对她无慎密的必要；你不说她也有数，你说了她也不会惊讶。她不会责备，她不会怂恿，她不会奖赞，她不会代你出什么物质利益的主意，她只是默默的听，听完了然后对你讲她自己超于善恶的见解——真理。

这一段从长期的交谊中出来深入的话，我与她仅一二十分钟的接近当然不会体会到，但我敢说从她神灵的目光里推测起来，这几句话不但是可能，而且是极近情的。

所以我那晚和她同坐在蓝丝绒的榻上，幽静的灯光，轻笼住她美妙的全体，我像受了催眠似的，只是痴对她神灵的妙眼，一任她利剑似的光波，妙乐似的音浪，狂潮骤雨似的向我灵府泼淹，我那时即使有自觉的感觉，也只似开茨（Keats）[1]听鹃啼时的：

My heart aches，and a drowsy numbness pains
My sense，as though of hemlock I had drunk...
This not through envy of thy happy lot，
But being too happy in thy happiness。[2]

曼殊斐儿音声之美，又是一个Miracle[3]。一个个音符从她脆弱的声带里颤动出来，都在我习于尘俗的耳中，启示着一种神奇的意境。仿佛蔚蓝的天空中一颗一颗的明星先后涌现。像听音乐似的，虽则明明你一生从不曾听过，但你总觉得好像曾经闻到过的也许在梦里，也许在前生。她的，不仅引起你听觉的美感，而竟似直达你的心灵底里，抚摩你蕴而不宣的苦痛，温和你半冷半僵的希望，洗涤你窒碍性灵的俗累，增加你精神快乐的情调；仿佛凑住你灵魂的耳畔私语你平日所冥想不得的仙界消息。我便此时回想，还不禁内动感激的悲慨，几于零泪；

1　开茨（Keats），今译济慈，英国诗人。

2　我的心在痛，困顿麻木折磨着我的知觉，我仿佛饮了毒鸩……这并非我嫉妒你的好运，而是你的快乐使我太欢欣。——济慈《夜莺颂》，引自韩石山编《徐志摩全集》第一卷，天津人民出版社，2005。

3　Miracle，奇迹。

她是去了，她的音声笑貌也似蜃彩似的一翳不再，我只能学Aft Vogler[1]之自慰，虔信：

Whose voice has gone forth，but each survives for the melodies when eternity affirms the conception of an hour。

...

Enough that he heard it once；we shall hear it by and by&by。[2]

曼殊斐儿，我前面说过，是病肺痨的，我见她时，正离她死不过半年，她那晚说话时，声音稍高，肺管中便如吹荻管似的呼呼作响。她每句语尾收顿时，总有些气促，颧颊间便也多添一层红润，我当时听出了她肺弱的音息，便觉得切心的难过，而同时她天才的兴奋，偏是逼迫她音度的提高，音愈高，肺嘶亦更呖呖，胸间的起伏，亦隐约可辨，可怜！我无奈何，只得将自己的声音特别的放低，希冀她也跟着放低些。果然很应效，她也放低了不少，但不久她又似内感思想的戟刺，重复节节的高引。最后我再也不忍因此而多耗她珍贵的精力，并且也记得麦雷再三叮嘱W与S的话，就辞了出来。总计我自进房

1　Aft Vogler，不详。

2　她的声音已经飘逝，但每个音符对作曲家来说仍存在，他会让一个小时变成永恒……只要让他听见过一次就够了，我们就会再有机会听见。引自韩石山编《徐志摩全集》第一卷，天津人民出版社，2005。

至出房——她站在房门口送我——不过二十分时间。

我与她所讲的话也很有意味，但大部分是她对于英国当时最风行的几个小说家的批评——例如Rebecca West[1]，Romer Wilson[2], Hutchingson[3], Swinnerton[4]等——恐怕因为一般人不稔悉，那类简约的评语不能引起相当的兴味。麦雷自己是现在英国中年的评衡家最有学有识之一人——他去年在牛津大学讲的“The Problem of Style”[5]；有人誉为安诺德（Matthew Arnold）[6]以后评衡界里最重要的一部贡献——而他总常常推尊曼殊斐儿，说她是评衡的天才，有言必中肯的本能。所以我此刻要把她简评的珠沫，略过不讲，很觉得有些可惜。她说她方才从瑞士回来，在那边和罗素夫妇的寓处相距颇近，常常谈起东方好处，所以她原来对于中国的景仰，更一进而为爱慕的热忱。她说她最爱读Arthur Waley[7]所翻的中国诗，她说那样的诗艺在西方真是一个Wonderful Revelation[8]。她说新近Amy Lowell[9]译的很使她

1 Rebecca West，韦斯特，英国小说家。

2 Romer Wilson，不祥。

3 Hutchingson，赫金森，英国小说家。

4 Swinnerton，斯温纳顿，英国小说家。

5 The Problem of Style，风格的问题。

6 安诺德（Matthew Arnold），今译阿诺德，英国诗人。

7 Arthur Waley，韦利，英国汉学家、翻译家。

8 Wonderful Revelation，奇妙的启示。

9 Amy Lowell，艾米·洛威尔，美国诗人。

失望，她这里又用她爱用的短句“That’s not the thing”[1]，她问我译过没有，她再三劝我应当试试，她以为中国诗只有中国人能译得好的。

她又问我是否也是写小说的，她又问中国顶喜欢契诃夫的哪几篇，译得怎么样，此外谁最有影响。

她问我最喜读哪几家小说，我说哈代、康拉德，她的眉梢耸了一耸笑道——

“Isn’t it！ We have to go back to the old masters for good literature the real thing！”[2]

她问我回中国去打算怎么样，她希望我不进政治，她愤愤地说现代政治的世界，不论哪一国，只是一乱堆的残暴和罪恶。

后来说起她自己的著作。我说她的太是纯粹的艺术，恐怕一般人反而不认识，她说：

“That’s just it。Then of course，popularity is never the thing for us。”[3]

我说我以后也许有机会试翻她的小说，很愿意先得作者本人的许可。她很高兴地说她当然愿意，就怕她的著作不值得翻译的劳力。

她盼望我早日回欧洲，将来如到瑞士再去找她，她说怎样

1　That’s not the thing，不是那么回事。

2　是啊！我们必须回到过去的大师们那里，才能读到真正的好文学！

3　确实如此，但流行从来不是我们追求的东西。

◎ 从蒙马特看巴黎 荷兰 梵高

的爱瑞士风景，琴妮湖怎样的妩媚，我那时就仿佛在湖心柔波间与她荡舟玩景：

“Clear，placid Leman！...

Thy soft murmuring Sounds sweet as if a sister's voice reproved.

That I with stern delights should ever have been so moved...”[1]

我当时就满口的答应，说将来回欧一定到瑞士去访她。

末了我说恐怕她已经倦了，深恨与她相见之晚，但盼望将来还有再见的机会，她送我到房门口，与我很诚挚地握别……

将近一月前，我得到消息说曼殊斐儿已经在法国的芳丹卜罗[2]去世，这一篇文字，我早已想写出来，但始终为笔懒，延到如今，岂知如今却变了她的祭文！

下面附的一首诗也许表现我的悲感更亲切些。

哀曼殊斐儿

我昨夜梦入幽谷，

1 “清澈，平静的莱蒙湖啊！你那温柔的波涛声，就像姐妹的责备声那样动听，对这种严厉我从未这样快乐与感动过。”——引自韩石山编《徐志摩全集》第一卷，天津人民出版社，2005。

2 芳丹卜罗，今译枫丹白露，法国一地名。

听子规在百合丛中泣血，
我昨夜梦登高峰，
见一颗光明泪自天坠落。

罗马西郊有座墓园，
芝罗兰静掩着客殇的诗骸；
百年后海岱士（Hades）黑辇之轮。
又喧响于芳丹卜罗榆青之间。

说宇宙是无情的机械，
为甚明灯似的理想闪耀在前；
说造化是真善美之创现，
为甚五彩虹不常住天边？

我与你虽仅一度相见——
但那二十分不死的时间！
谁能信你那仙姿灵态，竟已朝露似的永别人间？

非也！生命只是个实体的幻梦；
美丽的灵魂，永承上帝的爱宠；
三十年小住，只拟昙花之偶现，
泪花里我想见你笑归仙宫。

你记否伦敦约言，曼殊斐儿！
今夏再于琴妮湖之边；
琴妮湖永抱着白朗矶（Mount Blanee）的雪影，
此日我怅望云天，泪下点点。

我当年初临生命的消息，
梦觉似骤感恋爱之庄严；
生命的觉悟，是爱之成年，
我今又因死而感生与恋之涯沿！

因情是掼不破的纯晶，
爱是实现生命之唯一途径；
死是座伟秘的洪炉，此中
凝炼万象所从来之神明。

我哀思焉能电花似飞骋，
感动你在天日遥远的灵魂？
我洒泪向风中遥送，
问何时能戡破生死之门？

波特莱[1]的散文诗

◎ 波德莱尔 像

“我们谁不曾，在志愿奢大的期间，梦想过一种诗的散文的奇迹，音乐的却没有节奏与韵，敏锐而脆响，正足以迹象性灵的抒情的动荡，沉思的迂回的轮廓，以及天良的俄然的激发？”

1 波特莱，今译波德莱尔，法国诗人。

波特莱（Charles Baudelaire）一辈子话说得不多，至少我们所能听见的不多，但他说出口的没有一句是废话。他不说废话因为他不说出口除了在他的意识里长到成熟琢磨得剔透的一些。他的话可以说没有一句不是从心灵里新鲜剖摘出来的。像是仙国里的花，他那新鲜，那光泽与香味，是长留不散的。在十九世纪的文学史上，一个沸洛贝[1]，一个华尔德裴特，一个波特莱，必得永远在后人的心里唤起一个沉郁，孤独，日夜在自剖的苦痛中求光亮者的意象——有如中古期的“圣士”们。但他们所追求的却不是虚玄的性理的真或超越的宗教的真。他们辛苦的对象是“性灵的抒情的动荡，沉思的迂回的轮廓，天良的俄然的激发”。本来人生深一义的意趣与价值远不是全得向我们深沉，幽玄的意识里去探检出来？全在我们精微的完全的知觉到每一分时带给我们的特异的震动，在我们生命的纤维上留下的不可错误的微妙的印痕；追摹那一些瞬息转变如同雾里的山水的消息，是艺人们，不论用的是哪一种工具，最愉快亦最艰苦的工作。想象一支伊和灵弦琴（The Harp Aeolian）在松风中感受万籁的呼吸，同时也从自身灵敏的紧张上散放着不容模拟的妙音！不易，真是不易，这想用一种在定义上不能完美的工具来传达那些微妙的，几于神秘的踪迹——这困难竟比是想捉捕水波上的磷星或是收集兰蕙的香息。果然要能成功，那还不是波特莱说的奇迹？

1　沸洛贝，今译福楼拜，法国作家。

但可奇的是奇迹亦竟有会发现的时候。你去波特莱的掌握间看，他还不是捕得了星磷的清辉，采得了兰蕙的异息？更可奇的是他给我们的是一种几于有实质的香与光。在他手掌间的事物，不论原来是如何的平凡，结果如同爱俪儿的歌里说的：——

Suffer a sea—change
Into something beautiful and strange.[1]

对穷苦表示同情不是平常的事，但有谁，除了波特莱，能造作这样神化的文句：——

Avez—vous quel quefois apercu des veuves sur ces hancs solitaires, des yeuves pauvres? Qu'elles soient en deuil ou non, il est facile de les reconnaitre. D'ailleurs il y a toujours dans le heuil du pauvre quelque chose qui manque, une absence d ' harmonie qui le rend plus navrent. Il est contraint de Iêsiner sur sa douleur. Le riche porte Ia sienne au grand complet.

“你有时不看到在冷静的街边坐着的寡妇们吗？她们或是穿

1　让大海变成某种美丽而奇怪的东西。——引自韩石山编《徐志摩全集》第三卷，天津人民出版社，2005。

着孝或是不，反正你一看就认识。况且就使她们是穿着孝，她们那穿法本身就有些不对劲，像少些什么似的，这神情使人看了更难受。她们在哀伤上也得省俭。有钱的孝也穿得是一样。”

“她们在哀伤上也得省俭。”——我们能想象更莹澈的同情，能想象更莹澈的文字吗？这是《恶之华》的作者；也是他，手拿着小物玩具在巴黎市街上分给穷苦的孩子们，望着他们“偷偷的跑开去，像是猫，它咬着了你给他的一点儿非得跑远远再吃去，生怕你给了又要反悔”（The Poor Boy's Toy[1]）。也是他——坐在舒适的咖啡店里见着的是站在街上望着店里的“穷人的眼”（Les Yeux des Pauvres）——一个四十来岁的男子，脸上显着疲乏长着灰色须的，一手拉着一个孩子，另一手抱着一个没有力气再走的小的——虽则在他身旁陪着说笑的是一个脸上有粉口里有香的美妇人，她的意思是要他叫店伙赶开这些苦人儿，瞪着大白眼看人多讨厌！

Tant il est difficile de s'entendre，mon cher ange，et tant la pensée est in communicable même entre gens qui s'aiment.[2]

---

1 The Poor Boy's Toy，《穷男孩的玩具》。

2 法语，大意为：我亲爱的天使，相处越不好，思想交流越困难，即便在相爱的人之间，也是如此。——引自韩石山编《徐志摩全集》第三卷，天津人民出版社，2005。

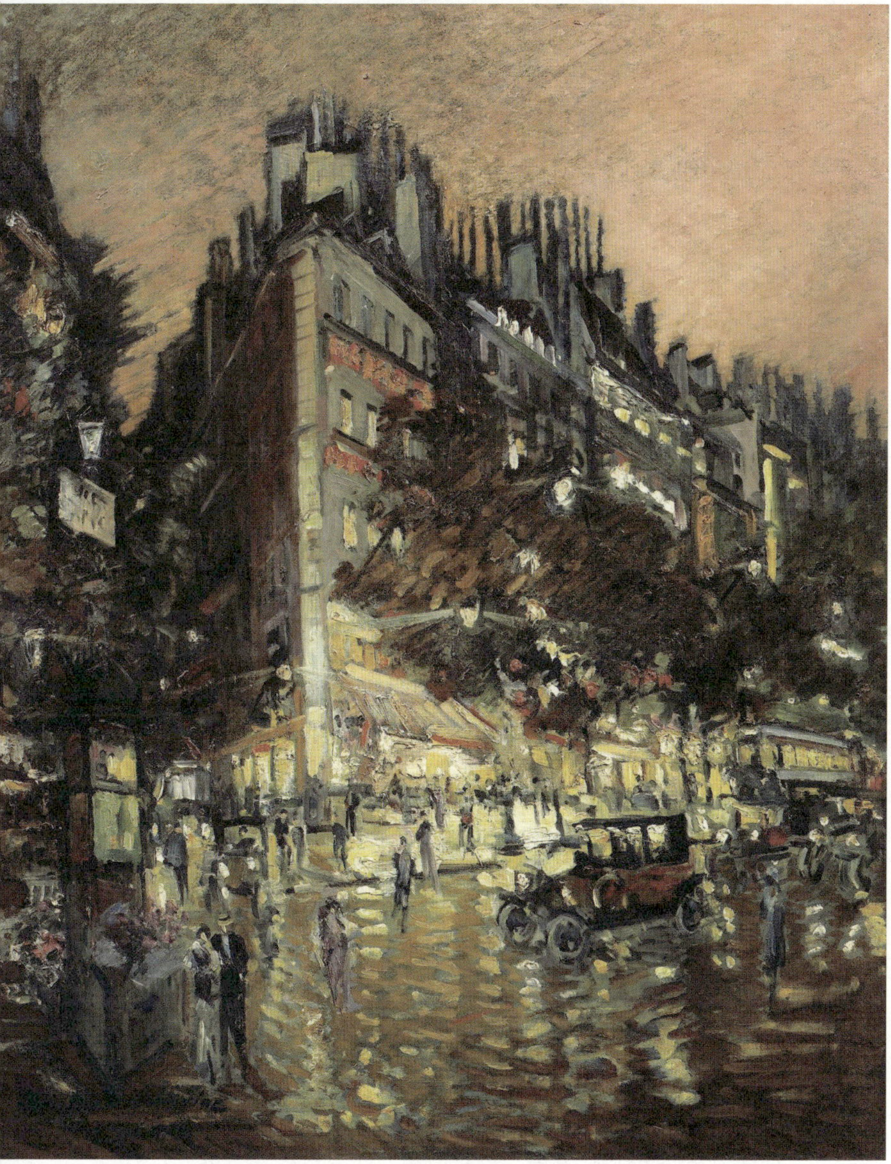

◎ 夜晚的巴黎 俄罗斯 康斯坦丁·柯罗文

他创造了一种新的战栗（A new thrill），嚣俄[1]说。在八十年前是新的，到今天还是新的。爱默深[2]说："一个时代的经验需要一种新的忏悔，这世界仿佛常在等候着它的诗人。"波特莱是十九世纪的忏悔者，正如卢骚是十八世纪的，丹德[3]是中古期的。他们是真的"灵魂的探险者"，起点是他们自身的意识，终点是一个时代全人类的性灵的总和。譬如飓风，发端许只是一片木叶的颤动，他们的也不过是一次偶然的心震，一些"bagatelles laborieuses[4]"，但结果——谁能指点到最后一个迸裂的浪花？自波特莱以来，更新的新鲜，不论在思想或文字上，当然是有过：麦雷先生（J.M.Murry）说普鲁斯德（Marcel Proust）[5]是二十世纪的一个新感性，比方说，但每一种新鲜的发现只使我们更讶异的辨认我们伟大的"前驱者"与"探险者"当时踪迹的辽远。他们的界碑竟许还远在我们到现在仍然望不见的天的那一方站着哪，谁知道！在每一颗新凝成的露珠里，星月存储着它们的光辉——我们怎么能不低头？

一月十九日

1　嚣俄，今译雨果，法国作家。

2　爱默深，今译爱默生，美国作家、思想家。

3　丹德，今译但丁，意大利诗人。

4　bagatelles laborieuses，法语，费心的琐事。

5　普鲁斯德（Marcel Proust），今译普鲁斯特，法国小说家。

拜伦

◎ 拜伦像

荡荡万斛船，影若扬白虹；

自非风动天，莫置大水中。

——杜甫

今天早上，我的书桌上散放着一垒书，我伸手提起一支毛笔蘸饱了墨水正想下笔写的时候，一个朋友走进屋子来，打断了我的思路。“你想做什么？”他说。“还债，”我说，“一辈子只是还不清的债，开销了这一个，那一个又来，像长安街上要饭的一样，你一开头就糟。这一次是为他，”我手点着一本书里Westll[1]画的拜伦像（原本现在伦敦肖像画院）。“为谁，拜伦！”那位朋友的口音里夹杂了一些鄙夷的鼻音。“不仅做文章，还想替他开会哪，”我跟着说。“哼，真有工夫，又是戴东原那一套。”——那位先生发议论了——“忙着替死鬼开会演说追悼，哼！我们自己的祖祖宗宗的生忌死忌，春祭秋祭，先就忙不开，还来管姓呆姓摆的出世去世；中国鬼也就够受，还来张罗洋鬼！哪国什么党的爸爸死了，北京也听见悲声，上海广东也听见哀声；书呆子的退伍总统死了，又来一个同声一哭。二百年前的戴东原还不是一个一头黄毛一身奶臭一把鼻涕一把尿的娃娃，与我们什么相干，又用得着我们的正颜厉色开大会做论文！现在真是愈出愈奇了，什么，连拜伦也得利益均沾，又不是疯了，你们无事忙的文学先生们！谁是拜伦？一个滥笔头的诗人，一个宗教家说的罪人，一个花花公子，一个贵族。就使追悼会纪念会是现代的时髦，你也得想想受追悼的配不配，也得想想跟你们所谓时代精神合式不合式，拜伦是贵族，你们贵国是一等的民生共和国，哪里有贵族的位置？拜伦又没有发明什么苏维埃，又没有做过世界和平的大梦，更没有用科学方法整理过国故，他只是一个拐腿的纨绔诗人，一百年前也许出过

1　Westll，不详。

他的风头，现在埋在英国纽斯推德（Newstead）的贵首头都早烂透了，为他也来开纪念会，哼，他配！讲到拜伦的诗你们也许与苏和尚的脾味合得上，看得出好处，这是你们的福气——要我看他的诗也不见得比他的骨头活得了多少。并且小心，拜伦倒是条好汉，他就恨盲目的崇拜，回头你们东抄西剿的忙着做文章想是讨好他，小心他的鬼魂到你梦里来大声的骂你一顿！”

那位先生大发牢骚的时候，我已经抽了半支的烟，眼看着缭绕的氲氤，耐心的挨他的骂，方才想好赞美拜伦的文章也早已变成了烟丝飞散：我呆呆的靠在椅背上出神了——拜伦是真死了不是？全朽了不是？真没有价值，真不该替他揄扬传布不是？

眼前扯起了一重重的雾幔，灰色的、紫色的，最后呈现了一个惊人的造像，最纯粹，光净的白石雕成的一个人头，供在一架五尺高的檀木几上，放射出异样的光辉，像是阿博洛[1]，给人类光明的大神，凡人从没有这样庄严的“天庭”，这样不可侵犯的眉宇，这样的头颅，但是不，不是阿博洛，他没有那样骄傲的锋芒的大眼，像是阿尔帕斯山南的蓝天，像是威尼市[2]的落日，无限的高远，无比的壮丽，人间的万花镜的展览反映在他的圆睛中，只是一层鄙夷的薄翳；阿博洛也没有那样美丽的

1　阿博洛，今译阿波罗，古希腊神话人物。

2　威尼市，今译威尼斯。

发鬈，像紫葡萄似的一穗穗贴在花岗石的墙边；他也没有那样不可信的口唇，小爱神背上的小弓也比不上他的精致，口角边微露着厌世的表情，像是蛇身上的文彩，你明知是恶毒的，但你不能否认他的艳丽；给我们弦琴与长笛的大神也没有那样圆整的鼻孔，使我们想象他的生命的剧烈与伟大，像是大火山的决口……

◎ 威尼斯 俄罗斯 康斯坦丁·柯罗文

不，他不是神，他是凡人，比神更可怕更可爱的凡人；他生前在红尘的狂涛中沐浴，洗涤他的遍体的斑点，最后他踏脚在浪花的顶尖，在阳光中呈露他的无瑕的肌肤，他的骄傲，他的力量，他的壮丽，是天上瑳奕司与玖必德的忧愁。

他是一个美丽的恶魔，一个光荣的叛儿。

一片水晶似的柔波，像一面晶莹的明镜，照出白头的“少女”，闪亮的“黄金篦”，“快乐的阿翁”。此地更没有海潮的啸响，只有草虫的讴歌，醉人的树色与花香，与温柔的水声，小妹子的私语似的，在湖边吞咽。山上有急湍，有冰河，有幔天的松林，有奇伟的石景。瀑布像是疯癫的恋人，在荆棘丛中跳跃，从扬岩上滚坠，在磊石间震碎，激起无量数的珠子，圆的、长的、乳白色的、透明的，阳光斜落在急流的中腰，幻成五彩的虹纹。这急湍的顶上是一座突出的危崖，像一个猛兽的头颅，两旁幽邃的松林，像是一颈的长鬣，一阵阵的瀑雷，像是他的吼声。在这绝壁的边沿站着一个丈夫，一个不凡的男子，怪石一般的峥嵘。朝旭一般的美丽，劲瀑似的桀骜，松林似的忧郁。他站着，交抱着手臂，翻起一双大眼，凝视着无极的青天，三个阿尔帕斯的鸷鹰在他的头顶不息的盘旋；水声、松涛的呜咽，牧羊人的笛声，前峰的崩雪声——他凝神的听着。

只要一滑足，只要一纵身，他想，这躯壳便崩雪似的坠入深潭，粉碎在美丽的水花中，这些大自然的谐音便是赞美他寂灭的丧钟。他是一个骄子：人间踏烂的蹊径不是为他准备的，也不是人间的镣链可以锁住他的鸷鸟的翅羽。他曾经丈量过巴南苏斯的群峰，曾经搏斗过海理士彭德海峡的凶涛，曾经在马拉松放歌，曾经在爱琴海边狂啸，曾经践踏过滑铁卢的泥土，这里面埋着一个败灭的帝国。他曾经实现过西撒凯旋时的光荣，丹桂笼住他的发鬈，玫瑰承住他的脚踪；但他也免不了他的滑铁卢；运命是不可测的恐怖，征服的背后隐着僇辱的狞笑，御座的周遭显现了狴犴的幻景；现在他的遍体的斑痕，都是诽毁的箭镞，不更是繁花的装缀，虽则在他的无瑕的体肤上一样的不曾停留些微污损。……太阳也有他的淹没的时候，但是谁能忘记他临照时的光焰？

"What is life，what is death，and what are we.

That when the ship sinks，we no longer may be." [1]

虬哪Juno[2]发怒了。天变了颜色，湖面也变了颜色。四周的山峰都披上了黑雾的袍服，吐出迅捷的火舌，摇动着，仿佛是相互的示威，雷声像猛兽似的在山坳里咆哮、跳荡，石卵似的雨块，随着风势打击着一湖的磷光，这时候（一八一六年，六

1　生是何物，死是何物，我们又是何物。当船沉没的时候，我们就不再存在。——引自韩石山编《徐志摩全集》第一卷，天津人民出版社，2005。

2　虬哪Juno，今译朱诺，罗马神话人物。

◎ 安纳西湖 法国 塞尚

月十五日）仿佛是爱俪儿（Ariel）的精灵耸身在绞绕的云中，默䆁着咒语，眼看着——

Jove's lightnings, the precursors O'the dreadful thunder-claps...

The fire, and cracks Of sulphurous roaring, the most mighty Neptune

Seem'd to besiege, and make his bold waves tremble, Yea his dread tridents shake.[1]

(Tempest)

在这大风涛中，在湖的东岸，龙河 (Rhone) 合流的附近，在小屿与白沫间，飘浮着一只疲乏的小舟，扯烂的布帆，破碎的尾舵，冲挡着巨浪的打击，舟子只是着忙的祷告。乘客也失去了镇定，都已脱卸了外衣，准备与涛澜搏斗。这正是卢骚的故乡，那小舟的历险处又恰巧是玖荔亚与圣潘罗 (Julia and St.Preux)[2] 遇难的名迹。舟中人有一个美貌的少年是不会泅水的，但他却从不介意他自己的骸骨的安全，他那时满心的忧虑，只怕是船翻时连累他的友人为他冒险，因为他的友人是最不怕险恶的，厄难只是他的雄心的激刺，他曾经狎侮爱琴海与地中海的怒涛，何况这有限的梨梦湖中的掀动，他交叉看手，静看着萨福埃（Savoy）[3] 的雪峰，在云罅里隐现。这是历史上一个希（稀）有的奇逢，在近代革命精神的始祖神感的胜处，在天地震怒的俄顷，载在同的舟中。一对共忠难的，伟大的诗魂，一

1 朱庇特的闪电，那可怕的炸雷的先驱……散发着硫磺味的火光与霹雳声，似乎围攻那威风凛凛的海神，使他的三叉戟不禁摇晃。——莎士比亚《暴风雨》，引自韩石山编《徐志摩全集》第一卷，天津人民出版社，2005。

2 玖荔亚与圣潘罗 (Julia and St.Preux)，不详。

3 萨福埃（Savoy），今译萨伏伊，法国东南部地名，昔为一公国。

对美丽的恶魔，一对光荣的叛儿！

他站在梅锁朗奇(Mesolonghi) 的滩边(一八二四年，一月，四至二十二日)。海水在夕阳里起伏，周遭静瑟瑟的莫有人迹，只有连绵的砂碛，几处卑陋的草屋，古庙宇残记的遗迹，三两株灰苍色的柱廊，天空飞舞着几只阔翅的海鸥，一 片荒凉的暮景。他站在滩边，默想古希腊的荣华，雅典的文章，斯巴达的雄武，晚霞的颜色二千年来不曾消灭，但自由的鬼魂究不曾在海砂上留存些微痕……他独自的站着，默想他自己的身世，三十六年的光阴已在时间的灰烬中埋着，爱与僧，得志与屈辱，盛名与怨诅，志愿与罪恶，故乡与知友，威尼市的流水，罗马古剧场的夜色，阿尔帕斯的白雪，大自然的美景与愤怒，反叛的磨折与尊荣，自由的实现与梦境的消残……他看着海砂上映着的曼长的身形，凉风拂动着他的衣裾——寂寞的天地间的一个寂寞的伴侣——他的灵魂中不中的激起了阵感慨的狂湖，他把手掌埋没了头面。此时日轮已经翳隐，天上星先后的显现，在这美丽的瞑色中，流动着诗人的吟声，像是松风，像是海涛，像是蓝奥孔苦痛的呼声，像是海伦娜岛上绝望的吁叹——

This time this heart should be unmoved,
Since others it hath ceased to move;
Yet, though I cannot be beloved.
still let me love!

My days are in the yellow leaf;
The flowers and fruits of love are gone;
The worm, the canker, and the grief;
Are mine alone!

The fire that on my bosom preys
As lone as some volcanic isle;
No torch is kindled at its blaze—
A funeral pile!

The hope, the fear, the jealous care,
The exalted portion of the pain
And power of love, I cannot share,
But wear the chain.

But 'tis not thus—and' tis not here—
Such thoughts should shake my soul, nor now,
Where glory aecks the hero's bier
Or binds his brow.

The sword, the banner, and the field,
Glory and Grace, around me see!

The Spartan, born upon his shield,
Was not more free.

Awake! (not Greece—she is awake!)
Awake, my spirit! Think through whom
The life-blood tracks its parent lake,
And then strike home!

Tread those reviving passions down;
Unworthy manhood! —unto thee
Indifferent should the smile or frown.
Of beauty be!

If thou regret'st thy youth, why live;
The land of honorable death
Is here: —up to the field, and give
Away thy breath!

Seek out—less sought than found—
A dier's grave for thee the best;
Then look around, and choose thy ground,
And take thy rest.

年岁已经僵化我的柔心，
我再不能感召他人的同情；
但我虽则不敢想望恋与悯，
我不愿无情！

往日已随黄叶枯萎，飘零；
恋情的花与果更不留踪影，
只剩有腐土与虫与怆心，
长伴前途的光阴！

烧不尽的烈焰在我的胸前，
孤独的，像一个喷火的荒岛；
更有谁凭吊，更有谁怜——
一堆残骸的焚烧！

希冀，恐惧，灵魂的忧焦，
恋爱的灵感与苦痛与蜜甜，
我再不能尝味，再不能自傲——
我投入了监牢！

但此地是古英雄的乡国，
白云中有不朽的灵光，

我不当怨艾，惆怅，为什么
这无端的凄惶？

希腊与荣光，军旗与剑器，
古战场的尘埃，在我的周遭，
古勇士也应慕羡我的际遇，
此地，今朝！

苏醒！不是希腊——她早已惊起！
苏醒，我的灵魂！问谁是你的
血液的泉源，休辜负这时机，
鼓舞你的勇气！

丈夫！休教已往的沾恋
梦魇似的压迫你的心胸，
美妇人的笑与辈的婉恋，
更不当容宠！

再休眷念你的消失的青年，
此地是健儿殉身的乡土，
听否战场的军鼓，向前，
毁灭你的体肤！

只求一个战士的墓窟，
收束你的生命，你的光阴：
去选择你的归宿的地域，
自此安宁。

他念完了诗句，只觉得遍体的狂热，壅住了呼吸，他就把外衣脱下，走入水中，向着浪头的白沫里纵身一窜，像一只海豹似的，鼓动着鳍脚，在铁青色的水波里泳了出去……

“冲锋，冲锋，跟我来！”

冲锋，冲锋，跟我来！这不是早一百年拜伦在希腊梅锁龙奇临死前昏迷时说的话？那时他的热血已经让冷血的医生给放完了，但是他的争自由的旗帜却还是紧紧的擎在他的手里……

再迟八年，一位八十二岁的老翁也在他的解脱前，喊一声，“Mere licht！”[1]

“不够光亮”“冲锋，冲锋，跟我来！”

火热的烟灰掉在我的手背上，惊醒了我的出神，我正想开口答复那位朋友的讥讽，谁知道睁眼看时，他早溜了！

十四年四月二日

1 Mere licht，德文，微弱的光芒。

济慈的夜莺歌

◎ 济慈像

诗中有济慈（John Keats）的《夜莺歌》，与禽中有夜莺一样的神奇。除非你亲耳听过，你不容易相信树林里有一类发痴的鸟，天晚了才开口唱，在黑暗里倾吐她的妙乐，愈唱愈有劲，往往直唱到天亮，连真的心血都跟着歌声从她的血管里呕出；除非你亲自咀嚼过，你也不易相信一个二十三岁的青年有一天早饭后坐在一株李树底下迅笔的写，不到三小时写成了一首八段八十行的长歌，这歌里的音乐与夜莺的歌声一样的不可理解，同是宇宙间一个奇迹，即使有哪一天大英帝国破裂成无可记认的断片时，《夜莺歌》依旧保有他无比的价值：万万里外的星亘古的亮着，树林里的夜莺到时候就来唱着，济慈的夜莺歌永远在人类的记忆里存着。

那年济慈住在伦敦的Wentworth Place[1]。百年前的伦敦与现在的英京大不相同，那时候“文明”的沾染比较的不深，所以华次华士[2]站在威士明治德桥上，还可以放心的讴歌清晨的伦敦，还有福气在“无烟的空气”里呼吸，望出去也还看得见“田地、小山、石头，一直开拓到天边”。那时候的人，我猜想，也一定比较的不野蛮，近人情，爱自然，所以白天听得着满天的云雀，夜里听得着夜莺的妙乐。要是济慈迟一百年出世，在夜莺绝迹了的伦敦市里住着，他别的著作不敢说，这首夜莺歌至少，怕就不会成功，供人类无尽期的享受。说起来真觉得可惨，在我们南方，古迹而兼是艺术品的，止淘成了西湖上一座孤单的雷峰塔。这千百年来雷峰塔的文学还不曾见面，雷峰塔的映影已经永别了波心！也许我们的灵性是麻皮做的，木屑做的，要不然这时代普遍的苦痛与烦恼的呼声，还不是最富灵感的天然音乐；——但是我们的济慈在哪里？我们的《夜莺歌》在哪里？

济慈有一次低低的自语——“I feel the flowers growing on

1　Wentworth Place，温特沃斯广场。

2　华次华士，今译华兹华斯，英国诗人。

me”。意思是“我觉得鲜花一朵朵的长上了我的身”，就是说他一想着了鲜花，他的本体就变成了鲜花，在草丛里掩映着，在阳光里闪亮着，在和风里一瓣瓣的无形的伸展着，在蜂蝶轻薄的口吻下羞晕着。这是想象力最纯粹的境界：孙猴子能七十二般变化，诗人的变化力更是不可限量——沙士比亚戏剧里至少有一百多个永远有生命的人物，男的女的、贵的贱的、伟大的、卑琐的、严肃的、滑稽的，还不是他自己摇身一变变出来的。济慈与雪莱最有这与自然谐合的变术；——雪莱制《云歌》时我们不知道雪莱变了云还是云变了雪莱；歌《西风》时不知道歌者是西风还是西风是歌者；颂《云雀》时不知道是诗人在九霄云端里唱着还是百灵鸟在字句里叫着；同样的济慈咏“忧郁”（Ode on Melancholy）[1]时他自己就变了忧郁本体，“忽然从天上掉下来像一朵哭泣的云”：他赞美“秋”（To Autumn）时他自己就是在树叶底下挂着的叶子中心那颗渐渐发长的核仁儿，或是在稻田里静偃着玫瑰色的秋阳！这样比称起来，如其赵松雪关紧房门伏在地下学马的故事可信时，那我们的艺术家就落粗蠢，不堪的“乡下人气味”！

他那《夜莺歌》是他一个哥哥死的那年做的，据他的朋友有名肖像画家Robert Haydon[2]给Miss Mitford[3]的信里说，他

1 Ode on Melancholy，《忧郁颂》。

2 Robert Haydon，海顿，英国画家。

3 Miss Mitford，米特福德小姐，英国女剧作家、诗人和散文作家。

在没有写下以前早就起了腹稿，一天晚上他们俩在草地里散步时济慈低低的背诵给他听——“……in a low, tremulous undertone which affected me extremely 。”[1]那年碰巧——据著《济慈传》的Lord Houghton[2]说，在他屋子的邻近来了一只夜莺，每晚不倦的歌唱，他很快活，常常留意倾听，一直听得他心痛神醉逼着他从自己的口里复制丁一套不朽的歌曲。我们要记得济慈二十五岁那年在意大利在他的一个朋友的怀抱里作古，他是，与他的夜莺一样，呕血死的！

能完全领略一首诗或是一篇戏曲，是一个精神的快乐，一个不期然的发现。这不是容易的事；要完全了解一个人的品性是十分难，要完全领会一首小诗也不得容易。我简直想说一半得靠你的缘分，我真有点儿迷信。就我自己说，文学本不是我的行业，我的有限的文学知识是“无师传授”的。裴德Walter Pater[3]是一天在路上碰着大雨到一家旧书铺去躲避无意中发现的。哥德（Goethe）——说来更怪了——是司蒂文孙（R.L.S）[4]介绍给我的，（在他的Art of Writing[5]那书里称赞George Henry

1 “他的低沉、颤抖的嗓音深深地打动了我。”引自韩石山编《徐志摩全集》第一卷，天津人民出版社，2005。

2 Lord Houghton，霍顿勋爵，英国诗人。

3 裴德Walter Pater，今译佩特，英国文艺批评家、散文作家。

4 司蒂文孙（R.L.S），英国小说家。

5 Art of Writing，《写作的艺术》。

◎ 夜莺

Lewes[1]的《葛德评传》；Everyman edition[2]一块钱就可以买到一本黄金的书）。柏拉图是一次在浴室里忽然想着要去拜访他的。雪莱是为他也离婚才去仔细请教他的，杜思退益夫斯基[3]、托尔斯泰、丹农雪乌[4]、波特莱耳、卢骚，这一班人也各有各的来法，反正都不是经由正宗的介绍：都是邂逅，不是约会。这次我到平大教书也是偶然的，我教着济慈的《夜莺歌》也是偶然的，乃至我现在动手写这一篇短文，更不是料得到的。友鸾再三要我写才鼓起我的兴来，我也很高兴写，因为看了我的乘兴的话，竟许有人不但发愿去读那《夜莺歌》，并且从此得到了一个亲口尝味最高级文学的门径，那我就得意极了。

但是叫我怎样讲法呢？在课堂里一头讲生字一头讲典故，多少有一个讲法，但是现在要我坐下来把这首整体的诗分成片段诠释它的意义，可真是一个难题！领略艺术与看山景一样，只要你地位站得适当，你这一望一眼便吸收了全景的精神；要你“远

1 George Henry Lewes，刘易斯，英国哲学家、文学评论家和科学家。

2 Everyman edition，普通版。

3 杜思退益夫斯基，今译陀思妥耶夫斯基，俄国作家。

4 丹农雪乌，又译加布里埃尔·邓南遮（D'Annunzio，Gabriele），意大利诗人、小说家、剧作家。

视”的看，不是近视的看；如其你捧住了树才能见树，那时即使你不惜工夫一株一株的审查过去，你还是看不到全林的景子。所以分析的看艺术，多少是杀风景的：综合的看法才对。所以我现在勉强讲这《夜莺歌》，我不敢说我能有什么心得的见解！我并没有！我只是在课堂里讲书的态度，按句按段的讲下去就是；至于整体的领悟还得靠你们自己，我是不能帮忙的。

你们没有听过夜莺先是一个困难。北京有没有我都不知道。下回萧友梅先生的音乐会要是有贝德花芬[1]的第六个“沁芳南”（The Pastoral Symphony[2]）时，你们可以去听听，那里面有夜莺的歌声。好吧，我们只能要同意听音乐——自然的或人为的——有时可以使我们听出神：譬如你晚上在山脚下独步时听着清越的笛声，远远的飞来，你即使不滴泪，你多少不免“神往”不是？或是在山中听泉乐，也可使你忘却俗景，想象神境。我们假定夜莺的歌声比我们白天听着的什么鸟都要好听；他初起像是龚云甫，嗓子发沙的，很懈的试她的新歌；顿上一顿，来了，有调了。可还不急，只是清脆悦耳，像是珠走玉盘（比喻是满不相干的）。慢慢的她动了情感，仿佛忽然想起了什么事情使她激成异常的愤慨似的，她这才真唱了，声音越来越亮，调门越来越新奇，情绪越来越热烈，韵味越来越深长，像

1　贝德花芬，今译贝多芬，德国音乐家。

2　The Pastoral Symphony，《田园交响曲》。

是无限的欢畅，像是艳丽的怨慕，又像是变调的悲哀——直唱得你在旁倾听的人不自主的跟着她兴奋，伴着她心跳。你恨不得和着她狂歌，就差你的嗓子太粗太浊合不到一起！这是夜莺；这是济慈听着的夜莺，本来晚上万籁静定后声音的感动力就特强，何况夜莺那样不可类比的妙乐。

好了；你们先得想象你们自己也教音乐的沈醴浸醉了，四肢软绵绵的，心头痒荠荠的，说不出的一种浓味的馥郁的舒服，眼帘也是懒洋洋的挂不起来，心里满是流膏似的感想，辽远的回忆，甜美的惆怅，闪光的希冀，微笑的情调一齐兜上方寸灵台时——再来——"in a low, tremulous undertone"[1]——开诵济慈的《夜莺歌》，那才对劲儿！

这不是清醒时的说话；这是半梦呓的私语：心里畅快的压迫太重了流出口来绻缱的细语——我们用散文译过他的意思来看——

一

"这唱歌的，唱这样神妙的歌的，决不是一只平常的鸟；她一定是一个树林里美丽的女神，有翅膀会得飞翔的。她真乐呀，你听独自在黑夜的树林里，在枝干交叉，浓荫如织的青林

1 in a low, tremulous undertone，用低沉、颤抖的嗓音。

里，她畅快的开放她的歌调，赞美着初夏的美景，我在这里听她唱，听的时候已经很多，她还是恣情的唱着；啊，我真被她的歌声迷醉了，我不敢羡慕她的清福，但我却让她无边的欢畅催眠住了，我像是服了一剂麻药，或是喝尽了一剂鸦片汁，要不然为什么这睡昏昏思离离的像进了黑甜乡似的，我感觉着一种微倦的麻痹，我太快活了，这快感太尖锐了，竟使我心房隐隐的生痛了！”

二

“你还是不倦的唱着——在你的歌声里我听出了最香冽的美酒的味儿。啊，喝一杯陈年的真葡萄酿多痛快呀！那葡萄是长在暖和的南方的，普鲁罔斯[1]那种地方，那边有的是幸福与欢乐，他们男的女的整天在宽阔的太阳光底下作乐，有的携着手跳春舞，有的弹着琴唱恋歌；再加那遍野的香草与各样的树馨——在这快乐的地土下他们有酒窖埋着美酒。现在酒味益发的澄静，香冽了。真美呀，真充满了南国的乡土精神的美酒，我要来引满一杯，这酒好比是希宝克林灵泉的泉水，在日光里滟滟发虹光的清泉，我拿一只古爵盛一个扑满。啊，看呀！这珍珠似的酒沫在这杯边上发瞬，这杯口也叫紫色的浓浆染一个

1　普鲁罔斯，今译普罗旺斯，现为法国东南部的一个地区。

◎ 埃滕花园的记忆 荷兰 梵高

鲜艳；你看看，我这一口就把这一大杯酒吞了下去——这才真醉了，我的神魂就脱离了躯壳，幽幽的辞别了世界，跟着你清唱的音响，像一个影子似淡淡的掩入了你那暗沉沉的林中。”

三

“想起这世界真叫人伤心。我是无沾恋的，巴不得有机会可以逃避，可以忘怀种种不如意的现象，不比你在青林茂荫里过无忧的生活，你不知道也无须过问我们这寒伧的世界，我们这里有的是热病、厌倦、烦恼，平常朋友们见面时只是愁颜相对，你听我的牢骚，我听你的哀怨；老年人耗尽了精力，听凭痹症摇落他们仅存的几茎可怜的白发；年轻人也是叫不如意事蚀空了，满脸的憔悴，消瘦得像一个鬼影，再不然就进墓门；真是除非你不想他，你要一想的时候就不由得你发愁，不由得你眼睛里钝迟迟的充满了绝望的晦色；美更不必说，也许难得在这里，那里，偶然露一点痕迹，但是转瞬间就变成落花流水似没了，春光是挽留不住的，爱美的人也不是没有，但美景既不常驻人间，我们至多只能实现暂时的享受，笑口不曾全开，愁颜又回来了！因此我只想顺着你歌声离别这世界，忘却这世界，解化这忧郁沉沉的知觉。”

四

“人间真不值得留恋，去吧，去吧！我也不必乞灵于培克司（酒神）与他那宝辇前的文豹，只凭诗情无形的翅膀我也可以飞上你那里去。啊，果然来了！到了你的境界了！这林子里的夜是多温柔呀，也许皇后似的明月此时正在她天中的宝座上坐着，周围无数的星辰像侍臣似的拱着她。但这夜却是黑，暗阴阴的没有光亮，只有偶然天风过路时把这青翠荫蔽吹动，让半亮的天光丝丝的漏下来，照出我脚下青茵浓密的地土。”

五

“这林子里梦沉沉的不漏光亮，我脚下踏着的不知道是什么花，树枝上渗下来的清馨也辨不清是什么香；在这薰香的黑暗中我只能按着这时令猜度这时候青草里，矮丛里，野果树上的各色花香；——乳白色的山楂花，有刺的野蔷薇，在叶丛里掩盖着的芝罗兰已快萎谢了，还有初夏最早开的麋香玫瑰，这时候准是满承着新鲜的露酿，不久天暖和了，到了黄昏时候，这些花堆里多的是采花来的飞虫。”

我们要注意从第一段到第五段是一顺下来的：第一段是乐极了的谵语，接着第二段声调跟着南方的阳光放亮了一些，但情调还是一路的缠绵。第三段稍为激起一点浪纹，迷离中夹着一点自觉的愤慨，到第四段又沉了下去，从“already with thee！”[1]起，语调又极幽微，像是小孩子走入了一个阴凉的地窖子，骨髓里觉着凉，心里却觉着半害怕的特别意味，他低低的说着话，带颤动的，断续的；又像是朝上风来吹断清梦时的情调；他的诗魂在林子的黑荫里闻着各种看不见的花草的香味，私下一一的猜测诉说，像是山涧平流入湖水时的尾声……这第六段的声调与情调可全变了；先前只是畅快的惝恍，这下竟是极乐的谵语了。他乐极了，他的灵魂取得了无边的解说与自由，他就想

1 already with thee，早已和你在一起。——《夜莺颂》

永保这最痛快的俄顷，就在这时候轻轻的把最后的呼吸和入了空间，这无形的消灭便是极乐的永生；他在另一首诗里说——

I know this being's lease,
My fancy to its utmost bliss spreads,
Yet could I on this very midnight cease,
And the worlds gaudy ensign see in shreds;
Verse，Fame and beauty are intense indeed,
But Death intenser—Death is Life's high meed。[1]

在他看来，（或是在他想来），“生”是有限的，生的幸福也是有限的——诗，声名与美是我们活着时最高的理想，但都不及死，因为死是无限的，解化的，与无尽流的精神相投契的，死才是生命最高的蜜酒，一切的理想在生前只能部分的，相对的实现，但在死里却是整体的绝对的谐合，因为在自由最博大的死的境界中一切不调谐的全调谐了，一切不完全的都完全了，他这一段用的几个状词要注意，他的死不是苦痛；是“Easeful Death”舒服的，或是竟可以翻作“逍遥的死”；还有

1　我知道此生的寿限，我的想象向它的极乐伸展着，可是我能就在今晚上死去，并把这尘世的浮名弃若敝履。诗，名，美确实是强烈的，但死更强烈——死是生活最高的报酬。——济慈《我今晚上为什么笑？没有声音能够告诉》，引自韩石山编《徐志摩全集》第一卷，天津人民出版社，2005。

他说“Quiet Breath”，幽静或是幽静的呼吸，这个观念在济慈诗里常见，很可注意；他在一处排列他得意的幽静的比象——

AUTUMN SUNS

Smiling at eve upon the quiet sheaves,

Sweet Sapphos Cheek-a sleeping infant's breath-

The gradual sand that through an hour glass runs

A woodland rivulet，a Poet's death。[1]

秋田里的晚霞，沙浮女诗人的香腮，睡孩的呼吸，光阴渐缓的流沙，山林里的小溪，诗人的死。他诗里充满着静的，也许香艳的，美丽的静的意境，正如雪莱的诗里无处不是动，生命的振动，剧烈的，有色彩的，嘹亮的。我们可以拿济慈的《秋歌》对照雪莱的《西风歌》，济慈的“夜莺”对比雪莱的“云雀”，济慈的“忧郁”对比雪莱的“云”，一是动、舞、生命、精华的、光亮的、搏动的生命，一是静、幽、甜熟的、渐缓的”奢侈“的死，比生命更深奥更博大的死，那就是永生。懂了他的生死的概念 我们再来解释他的诗。

---

1 秋阳，在黄昏时对寂静的草丛微笑。甜蜜的莎孚的面颊——睡婴的呼唤——从沙漏里逐渐留下的沙粒，林地上的一条小溪，诗人死了。——济慈《当黑暗的雾气笼罩了我们的平原》，引自韩石山编《徐志摩全集》第一卷，天津人民出版社，2005。莎孚，希腊女诗人。

◎ 犁过的田野（又译前方） 荷兰 梵高

六

“但是我一面正在猜测着这青林里的这样那样，夜莺他还是不歇的唱着，这回唱得更浓更烈了。（先前只像荷池里的雨声，调虽急。韵节还是很匀净的；现在竟像是大块的骤雨落在盛开的丁香林中，这白英在狂颤中缤纷的堕地，雨中的一阵香雨，声调急促极了。）所以他竟想在这极乐中静静的解化，平安的死去，所以他竟与无痛苦的解脱发生了恋爱，昏昏的随口编着钟爱的名字唱着赞美他，要他领了我永别这生的世界，投入永生的世界。同时你在歌声中倾吐了你的内蕴的灵性，放胆的尽性的狂歌好像你在这黑暗里看出比光明更光明的光明，在你的叶荫中实现了比快乐更快乐的快乐；——我即使死了，你还是继续的唱着，直唱到我听不着，变成了土，你还是永远的唱着。“

这是全诗精神最饱满音调最神灵的一节，接着上段死的意思与永生的意思，他从自己又回想到那鸟的身上，他想我可以在这歌声里消散，但这歌声的本体呢？听歌的人可以由生入死，由死得生，这唱歌的鸟，又怎样呢？以前的六节都是低调，就是第六节调虽变，音还是像在浪花里浮沉着的一张叶片，浪花上涌时叶片上涌，浪花低伏时叶片也低伏；但这第七节是到了最高点，到了急调中的急调——诗人的情绪，和着鸟的歌声，尽情的涌了出来：他的迷醉中的诗魂已经到了梦与醒的边界。

这节里Ruth[1]的本事是在旧约书里The Book of Ruth[2]，她是嫁给一个客民的，后来丈夫死了，她的姑要回老家，叫她也回自己的家再嫁人去，罗司一定不肯，情愿跟着她的姑到外国去守寡，后来她在麦田里收麦，她常常想着她的本乡，济慈就应用这段故事。

---

1 Ruth，路得，生活在大约公元前1100年的一位摩押族中东女子。以色列历史上的英雄人物大卫王的曾祖母。

2 The Book of Ruth，《路得记》。

七

“方才我想到死与灭亡，但是你，不死的鸟呀，你是永远没有灭亡的日子，你的歌声就是你不死的一个凭证。时化尽迁异，人事尽变化，你的音乐还是永远不受损伤，今晚上我在此地听你，这歌声还不是在几千年前已经在着，富贵的王子曾经听过你，卑贱的农夫也听过你：也许当初罗司那孩子在黄昏时站在异邦的田里割麦，他眼里含着一包眼泪思念故乡的时候，这同样的歌声，曾经从林子里透出来，给她精神的慰安，也许在中古时期幻术家在海上变出蓬莱仙岛，在波心里起造着楼阁，在这里面住着他们摄取来的美丽的女郎，她们凭着窗户望海思乡时，你的歌声也曾经感动她们的心灵，给他们平安与愉快。”

八

这段是全诗的一个总束，夜莺放歌的一个总束，也可以说人生的大梦的一个总束。他这诗里有两相对的（动机）；一个是这现世界，与这面目可憎的实际的生活：这是他巴不得逃避，巴不得忘却的，一个是超现实的世界，音乐声中不朽的生命，这是他所想望的，他要实现的，他愿意解除脱了不完全暂时的生为要化入这完全的永久的生。他如何去法，凭酒的力量可以去，凭诗的无形的翅膀亦可以飞出尘寰，或是听着夜莺不

◎ 从麦田望去 荷兰 梵高

断的唱声也可以完全忘却这现世界的种种烦恼。他去了，他化入了温柔的黑夜，化入了神灵的歌声——他就是夜莺；夜莺就是他。夜莺低唱时他也低唱，高唱时他也高唱，我们辨不清谁是谁，第六第七段充分发挥“完全的永久的生”那个动机，天空里，黑夜里已经充塞了音乐——所以在这里最高的急调尾声一个字音forlorn[1]里转回到那一个动机，他所从来那个现实的世界，往来穿着的还是那一条线，音调的接合，转变处也极自然；最后糅和那两个相反的动机，用醒（现世界）与梦（想象世界）结合全文，像拿一块石子掷入山壑内的深潭里，你听那音响又清切又谐和，余音还在山壑里回荡着，使你想见那石块慢慢的，慢慢的沉入了无底的深潭……音乐完了，梦醒了，血呕尽了，夜莺死了！但他的余韵却袅袅的永远在宇宙间回响着……

十三年十二月二日夜半

1 Forlorn，孤寂。

泰戈尔

◎ 泰戈尔像

我有几句话想趁这个机会对诸君讲，不知道你们有没有耐心听。泰戈尔先生快走了，在几天内他就离别北京，在一两个星期内他就告辞中国。他这一去大约是不会再来的了。也许他永远不能再到中国。

他是六七十岁的老人，他非但身体不强健，他并且是有病的。去年秋天他还发了一次很重的骨痛热病。所以他要到中国来，不但他的家属，他的亲戚朋友，他的医生，都不愿意他冒险，就是他欧洲的朋友，比如法国的罗曼·罗兰，也都有信去劝阻他。他自己也曾经踌躇了好久，他心里常常盘算他如其到中国来，他究竟能不能够给我们好处，他想中国人自有他们的诗人、思想家、教育家，他们有他们的智慧、天才、心智的财富与营养，他们更用不着外来的补助与戟刺，我只是一个诗人，我没有宗教家的福音，没有哲学家的理论，更没有科学家实利的效用，或是工程师建设的才能，他们要我去做什么，我自己又为什么要去，我有什么礼物带去满足他们的盼望。他真的很觉得迟疑，所以他延迟了他的行期。但是他也对我们说到冬天完了春风吹动的时候（印度的春风比我们的吹得早），他不由的感觉了一种内迫的冲动，他面对着逐渐滋长的青草与鲜花，不由的抛弃了，忘却了他应尽的职务，不由的解放了他的歌唱的本能，和着新来的鸣雀，在柔软的南风中开怀的讴吟。同时他收到我们催请的信，我们青年盼望他的诚意与热心，唤起了老人的勇气。他立即定夺了他东来的决心。他说趁我暮年的肢体不曾僵透，趁我衰老的心灵还能感受，决不可错过这最后唯一的机会，这博大、从容、礼让的民族，我幼年时便发心朝拜，与其将来在黄昏寂静的境界中萎衰的惆怅，何如利用这夕阳未暝时的光芒，了却我晋香人的心愿？

他所以决意的东来，他不顾亲友的劝阻，医生的警告，不顾自身的高年与病体，他也撇开了在本国一切的任务，跋涉了万里的海程，他来到了中国。

自从四月十二在上海登岸以来，可怜老人不曾有过一半天完整的休息，旅行的劳顿不必说，单就公开的演讲以及较小集会时的谈话，至少也有了三四十次！他的，我们知道，不是教授们的讲义，不是教士们的讲道，他的心府不是堆积货品的栈房，他的辞令不是教科书的喇叭。他是灵活的泉水，一颗颗颤动的圆珠从地心里兢兢的泛登水面都是生命的精液；他是瀑布的吼声，在白云间、青林中、石罅里，不住的啸响；他是百灵的歌声，他的欢欣、愤慨、响亮的谐音，弥漫在无际的晴空。但是他是倦了。终夜的狂歌已经耗尽了子规的精力。东方的曙色亦照出他点点的心血，染红了蔷薇枝上的白露。

老人是疲乏了。这几天他睡眠也不得安宁，他已经透支了他有限的精力。他差不多是靠散拿吐瑾过日的。他不由的不感觉风尘的厌倦，他时常想念他少年时在恒河边沿拍浮的清福，他想望椰树的清荫与曼果的甜瓤。

但他还不仅是身体的惫劳，他也感觉心境的不舒畅。这是很不幸的。我们做主人的只是深深的负歉。他这次来华，不为游历，不为政治，更不为私人的利益，他熬着高年，冒着病体，抛弃自身的事业，备尝行旅的辛苦，他究竟为的是什么？他为的只是一点看不见的情感！说远一点，他的使命是在修补中国与印度两民族间中断千余年的桥梁。说近一点，他只想感召我们青年真挚的同情。因为他是信仰生命的，他是尊崇青年的，他是歌颂青春与清晨的，他永远指点着前途的光明。悲悯是当初释迦牟尼证果的动机，悲悯也是泰戈尔先生不辞艰苦的动机。现代的文明只是骇人的浪费、贪淫与残暴，自私与自大，相猜与相忌，飓风似的倾覆了人道的平衡，产生了巨大的毁灭。芜秽的心田里只是误解的蔓草，毒害同情的种子，更没有收成的希冀。在这个荒惨的境地里，难得有少数的丈夫，不怕阻难，不自馁怯，肩上扛着铲除误解的大锄，口袋里满装着新鲜人道的种子，不问天时是阴是雨是晴，不问是早晨是黄昏是黑夜，他只是努力的工作，清理一方泥土，施殖一方生命，同时口唱着嘹亮的新歌，鼓舞在黑暗中将次透露的萌芽。泰戈尔先生就是这少数中的一个。他是来广布同情的，他是来消除成见的。我们亲眼见过他慈祥的阳春似的表情，亲耳听过他从心灵底里迸裂出的大声，我想只要我们的良心不曾受恶毒的烟煤熏黑，或是被恶浊的偏见污抹，谁不曾感觉他至诚的力量，魔术似的，为我们生命的前途开辟了一个神奇的境界，燃点了理想的光明？

所以我们也懂得他的深刻的懊怅与失望，如其他知道部分的青年不但不能容纳他的灵感，并且存心的诬毁他的热忱。我们固然奖励思想的独立，但我们决不敢附和误解的自由。他生平最满意的成绩就在他永远能得青年的同情，不论在德国，在丹麦，在美国，在日本，青年永远是他最忠心的朋友。他也曾经遭受种种的误解与攻击，政府的猜疑与报纸的诬捏与守旧派的讥评，不论如何的谬妄与剧烈，从不曾扰动他优容的大量。他的希望，他的信仰，他的爱心，他的至诚，完全的托付青年。我的须，我的发是白的，但我的心却永远是年青的，他常常的对我们说，只要青年是我的知己，我理想的将来就有着落，我乐观的明灯永远不致黯淡。他不能相信纯洁的青年也会坠落在怀疑、猜忌、卑琐的泥溷，他更不能信中国的青年也会沾染不幸的污点。他真不预备在中国遭受意外的待遇。他很不自在，他很感觉异样的怆心。

因此精神的懊丧更加重他躯体的倦劳。他差不多是病了。我们当然很焦急的期望他的健康，但他再没有心境继续他的讲演。我们恐怕今天就是他在北京公开讲演最后的一个机会。他有休养的必要。我们也决不忍再使他耗费有限的精力。他不久又有长途的跋涉，他不能不有三四天完全的养息。所以从今天起，所有已经约定的集会，公开与私人的，一概撤销，他今天就出城去静养。

我们关切他的一定可以原谅，就是一小部分不愿意他来作客的诸君也可以自喜战略的成功。他是病了，他在北京不再开口了，他快走了，他从此不再来了。但是同学们，我们也得平心的想想，老人到底有什么罪，他有什么负心，他有什么不可容赦的犯案？公道是死了吗，为什么听不见你的声音？

他们说他是守旧，说他是顽固。我们能相信吗？他们说他是“太迟”，说他是“不合时宜”，我们能相信吗？他自己是不能信，真的不能信。他说这一定是滑稽家的反调。他一生所遭逢的批评只是太新，太早，太急进，太激烈，太革命的，太理想的，他六十年的生涯只是不断的奋斗与冲锋，他现在还只是冲锋与奋斗。但是他们说他是守旧，太迟，太老。他顽固奋斗的物件只是暴烈主义、资本主义、帝国主义、武力主义、杀灭牲灵的物质主义；他主张的只是创造的生活，心灵的自由，国际的和平，教育的改造，普爱的实现。但他们说他是帝国政策的间谍，资本主义的助力，亡国奴族的流民，提倡裹脚的狂人！肮脏是在我们的政客与暴徒的心里，与我们的诗人又有什么关系？昏乱是在我们冒名的学者与文人的脑里，与我们的诗人又有什么亲属？我们何妨说太阳是黑的，我们何妨说苍蝇是真理？

同学们，听信我的话，像他的这样伟大的声音我们也许一辈子再不会听着的了。留神目前的机会，预防将来的惆怅！他的人格我们只能到历史上去搜寻比拟。他的博大的温柔的灵魂我敢说永远是人类记忆里的一次灵绩。他的无边的想象是辽阔的同情使我们想起惠德曼[1]；他的博爱的福音与宣传的热心使我们记起托尔斯泰；他的坚韧的意志与艺术的天才使我们想起造摩西像的密仡郎其罗；他的诙谐与智慧使我们想象当年的苏格拉

1　惠德曼，今译惠特曼，美国诗人。

底与老聃！他的人格的和谐与优美使我们想念暮年的葛德[1]；他的慈祥的纯爱的抚摩，他的为人道不厌的努力，他的磅礴的大声，有时竟使我们唤起救主的心像，他的光彩，他的音乐，他的雄伟，使我们想念奥林必克[2]山顶的大神。他是不可侵凌的，不可逾越的，他是自然界的一个神秘的现象。他是三春和暖的南风，惊醒树枝上的新芽，增添处女颊上的红晕。他是普照的阳光。他是一派浩瀚的大水，从来不可追寻的渊源，在大地的怀抱中终古的流着，不息的流着，我们只是两岸的居民，凭借这慈恩的天赋，灌溉我们的田稻，苏解我们的消渴，洗净我们的污垢。他是喜马拉雅积雪的山峰，一般的崇高，一般的纯洁，一般的壮丽，一般的高傲，只有无限的青天枕藉他银白的头颅。

人格是一个不可错误的实在。荒歉是一件大事，但我们是饿惯了的，只认鸠形与鹄面是人生本来的面目，永远忘却了真健康的颜色与彩泽。标准的低降是一种可耻的堕落：我们只是踞坐在井底青蛙，但我们更没有怀疑的余地。我们也许揣详东方的初白，却不能非议中天的太阳。我们也许见惯了阴霾的天时，不耐这热烈的光焰，消散天空的云雾，暴露地面的荒芜，但同时在我们心灵的深处，我们岂不也感觉一个新鲜的影响，催促我们生命的跳动，唤醒潜在的想望，仿佛是武士望见了前

1　葛德，今译歌德，德国诗人。

2　奥林必克，今译奥利匹斯，希腊东北部的一座高山，古代希腊人视为神山。

峰烽烟的信号，更不踌躇的奋勇前向？只有接近了这样超轶的纯粹的丈夫，这样不可错误的实在，我们方始相形的自愧我们的口不够阔大，我们的嗓音不够响亮，我们的呼吸不够深长，我们的信仰不够坚定，我们的理想不够莹澈，我们的自由不够磅礴，我们的语言不够明白，我们的情感不够热烈，我们的努力不够勇猛，我们的资本不够充实……

我自信我不是恣滥不切事理的崇拜，我如其曾经应用浓烈的文字，这是因为我不能自制我浓烈的感想。但是我最急切要声明的是，我们的诗人，虽则常常招受神秘的徽号，在事实上却是最清明，最有趣，最诙谐，最不神秘的生灵。他是最通达人情，最近人情的。我盼望有机会追写他日常的生活与谈话。如其我是犯嫌疑的，如其我也是性近神秘的（有好多朋友这么说），你们还有适之先生的见证，他也说他是最可爱最可亲的个人：我们可以相信适之先生绝对没有“性近神秘”的嫌疑！所以无论他怎样的伟大与深厚，我们的诗人还只是有骨有血的人，不是野人，也不是天神。唯其是人，尤其是最富情感的人，所以他到处要求人道的温暖与安慰，他尤其要我们中国青年的同情与情爱。他已经为我们尽了责任，我们不应，更不忍辜负他的的期望。同学们！爱你的爱，崇拜你的崇拜，是人情不是罪孽，是勇敢不是懦怯！

十二日在真光讲

望秋先蒲柳
凌霜傲松柏
修短非所能
天地亦过客
唯须崇功业
流芳照竹帛
古来学仙人
谁得同金石

春摩

罗曼·罗兰

罗曼·罗兰（Romain Rolland），这个美丽的音乐的名字，究竟代表些什么？他为什么值得国际的敬仰，他的生日为什么值得国际的庆祝？他的名字，在我们多少知道他的几个人的心里，引起些个什么？他是否值得我们已经认识他思想与景仰他人格的更亲切的认识他，更亲切的景仰他；从不曾接近他的赶快从他的作品里去接近他？

一个伟大的作者如罗曼·罗兰或托尔斯泰，正像是一条大河，它那波澜，它那曲折，它那气象，随处不同，我们不能划出它的一湾一角来代表它那全流。我们有幸在书本上结识他们的正比是尼罗河或扬子江沿岸的泥坷，各按我们的受量分沾他们的润泽的恩惠罢了。说起这两位作者——托尔斯泰与罗曼·罗兰：他们灵感的泉源是同一的，他们的使命是同一的，他们在精神上有相互的默契（详后），仿佛上天从不教他的灵光在世上完全灭迹，所以在这普遍的混浊与黑暗的世界内往往有这类禀承灵智的大天才在我们中间指点迷途，启示光明。但他们也自有他们不同的地方；如其我们还是引申上面这个比喻，托尔斯泰、罗曼·罗兰的前人，就更像是尼罗河的流域，它那两岸是浩瀚的沙碛，古埃及的墓宫，三角金字塔的映影，高矗的棕榈类的林木，间或有帐幕的游行队，天顶永远有异样的明星；罗曼·罗兰、托尔斯泰的后人，像是扬子江的流域，更近人间，更近人情的大河，它那两岸是青绿的桑麻，是连栉的房屋，在波鳞里泅着的是鱼是虾，不是长牙齿的鳄鱼，岸边听得见的也不是神秘的驼铃，是随熟的鸡犬声。这也许是斯拉夫与拉丁民族各有的异禀，在这两位大师的身上得到更集中的表现，但他们润泽这苦旱的人间的使命是一致的。

◎ 罗曼·罗兰像

十五年前一个下午，在巴黎的大街上，有一个穿马路的叫汽车给碰了，差一点没有死。他就是罗曼·罗兰。那天他要是死了，巴黎也不会怎样的注意，至多报纸上本地新闻栏里登一条小字："汽车肇祸，撞死一个走路的，叫罗曼·罗兰，年四十五岁，在大学里当过音乐吏教授，曾经办过一种不出名的杂志叫Cahiers de la Quinzaine[1]的。"

但罗兰不死，他不能死；他还得完成他分定的使命。在欧战爆裂的那一年，罗兰的天才，五十年来在无名的黑暗里埋着的，忽然取得了普遍的认识。从此他不仅是全欧心智与精神的领袖，他也是全世界一个灵感的泉源。他的声音仿佛是最高峰上的崩雪，回响在远近的万壑间。五年的大战毁了无数的生命与文化的成绩，但毁不了的是人类几个基本的信念与理想，在这无形的精神价值的战场上，罗兰永远是一个不仆的英雄。对着在恶斗的旋涡里挣扎着的全欧，罗兰喊一声彼此是弟兄放手！对着蜘网似密布，疫疠似蔓延的怨恨，仇毒，虚妄，疯癫，罗兰集中他孤独的理智与情感的力量作战。对着普遍破坏的现象，罗兰伸出他单独的臂膀开始组织人道的势力。对着叫褊浅的国家主义与恶毒的报复本能迷惑住的智识阶级，他大声的唤醒他们应负的责任，要他们恢复思想的独立，救济盲目的群众。"在战场的空中"——"Above the Battle Field"——不是在战场上，在各民族共同的天空，不是在一国的领土内，我们听得罗兰的大声，也就是人道的呼声，像一阵光明的骤雨，激斗着地面上互杀的烈焰。罗兰的作战是有结果的，他联合了国

1　Cahiers de la Quinzaine，《半月丛刊》，法国杂志名。

际间自由的心灵，替未来的和平筑一层有力的基础。这是他自己的话：

“我们从战争得到一个付重价的利益，它替我们联合了各民族中不甘受流行的种族怨毒支配的心灵。这次的教训益发激励他们的精力，强固他们的意志。谁说人类友爱是一个绝望的理想？我再不怀疑未来的全欧一致的结合。我们不久可以实现那精神的统一。这战争只是它的热血的洗礼。”

这是罗兰，勇敢的人道的战士！当他全国的刀锋一致向着德人的时候，他敢说不，真正的敌人是你们自己心怀里的仇毒。当全欧破碎成不可收拾的断片时，他想象到人类更完美的精神的统一。友爱与同情，他相信，永远是打倒仇恨与怨毒的利器；他永远不怀疑他的理想是最后的胜利者。在他的前面有托尔斯泰与道施滔奄夫斯基[1]（虽则思想的形式不同），他的同时有泰戈尔与甘地（他们的思想的形式也不同），他们的立场是在高山的顶上，他们的视域在时间上是历史的全部，在空间里是人类的全体，他们的声音是天空里的雷震，他们的赠与是精神的慰安。我们都是牢狱里的囚犯，镣铐压住的，铁栏锢住的，难得有一丝雪亮暖和的阳光照上我们黝黑的脸面，难得有喜雀过路的欢声清醒我们昏沉的头脑。“重浊”，罗兰开始他的

1 道施滔奄夫斯基，今译陀思妥耶夫斯基，俄国作家。

《贝德花芬传》[1]：

“重浊是我们周围的空气。这世界是叫一种凝厚的污浊的秽息给闷住了——一种卑琐的物质压在我们的心里，压在我们的头上，叫所有民族与个人失却了自由工作的机会。我们会让掐住了转不过气来。来，让我们打开窗子好叫天空自由的空气进来，好叫我们呼吸古英雄们的呼吸。”

打破我执的偏见来认识精神的统一；打破国界的偏见来认识人道的统一。这是罗兰与他同理想者的教训。解脱怨毒的束缚来实现思想的自由；反抗时代的压迫来恢复性灵的尊严。这是罗兰与他同理想者的教训。人生原是与苦俱来的；我们来做人的名分不是咒诅人生因为它给我们苦痛，我们正应在苦痛中学习，修养，觉悟，在苦痛中发现我们内蕴的宝藏，在苦痛中领会人生的真际。英雄，罗兰最崇拜如密仡朗其罗与贝德花芬一类人道的英雄，不是别的，只是伟大的耐苦者。那些不朽的艺术家，谁不曾在苦痛中实现生命，实现艺术，实现宗教，实现一切的奥义？自己是个深感苦痛者，他推致他的同情给世上所有的受苦者；在他这受苦，这耐苦，是一种伟大，比事业的伟大更深沉的伟大。他要寻求的是地面上感悲哀感孤独的灵魂。“人生是艰难的。谁不甘愿承受庸俗，他这辈子就是不断的奋斗。并且这往往是苦痛的奋斗，没有光彩没有幸福，独自

1 《贝德花芬传》，今译《贝多芬传》。

在孤单与沉默中挣扎。穷困压着你，家累累着你，无意味的沉闷的工作消耗你的精力，没有欢欣，没有希冀，没有同伴，你在这黑暗的道上甚至连一个在不幸中伸手给你的骨肉的机会都没有。”这受苦的概念便是罗兰人生哲学的起点，在这上面他求筑起一座强固的人道的寓所。因此在他有名的传记里他用力传述先贤的苦难生涯，使我们憬悟至少在我们的苦痛里，我们不是孤独的，在我们切己的苦痛里隐藏着人道的消息与线索。“不快活的朋友们，不要过分的自伤，因为最伟大的人们也曾分尝味你们的苦味。我们正应得跟着他们的努奋自勉。假如我们觉得软弱，让我们靠着他们喘息。他们有安慰给我们。从他们的精神里放射着精力与仁慈。即使我们不研究他们的作品，即使我们听不到他们的声音，单从他们面上的光彩，单从他们曾经生活过的事实里，我们应得感悟到生命最伟大，最生产——甚至最快乐——的时候是在受苦痛的时候”。

我们不知道罗曼·罗兰先生想象中的新中国是怎样的；我们不知道为什么他特别示意要听他的思想在新中国的回响。但如其他能知道新中国像我们自己知道它一样，他一定感觉与我们更密切的同情，更贴近的关系，也一定更急急的伸手给我们握着——因为你们知道，我也知道，什么是新中国只是新发现的深沉的悲哀与苦痛深深的盘伏在人生的底里！这也许是我个人新中国的解释；但如其有人拿一些时行的口号，什么打倒帝国主义，等等，或是分裂与猜忌的现象，去报告罗兰先生说这是新中国，我再也不能预料他的感想了。

我已经没有时候与地位叙述罗兰的生平与著述；我只能匆匆的略说梗概。他是一个音乐的天才，在幼年音乐便是他的生命。他妈教他琴，在谐音的波动中他的童心便发现了不可言喻的快乐。莫察德[1]与贝德花芬是他最早发现的英雄。所以在法国经受普鲁士战争爱国主义最高激的时候，这位年轻的圣人正在“敌人”的作品中尝味最高的艺术。他的自传里写着：“我们家里有好多旧的德国音乐书。德国？我懂得那个字的意义？在我们这一带我相信德国人从没有人见过的。我翻着那一堆旧书，爬在琴上拼出一个个的音符。这些流动的乐音，谐调的细流，灌溉着我的童心，像雨水漫入泥土似的淹了进去。莫察德与贝德花芬的快乐与苦痛，想望的幻梦，渐渐的变成了我的肉的肉，我的骨的骨。我是它们，它们是我。要没有它们我怎过得了我的日子？我小时生病危殆的时候，莫察德的一个调子就像爱人似的贴近我的枕衾看着我。长大的时候，每回逢着怀疑与懊丧，贝德花芬的音乐又在我的心里拨旺了永久生命的火星。每回我精神疲倦了，或是心上有不如意事，我就找我的琴去，在音乐中洗净我的烦愁。”

要认识罗兰的不仅应得读他神光焕发的传记，还得读他十

1　莫察德，今译莫扎特，奥地利作曲家。

◎ 贝多芬像

卷的Jean Christophe[1]，在这书里他描写他的音乐的经验。

他在学堂里结识了莎士比亚，发现了诗与戏剧的神奇。他的哲学的灵感，与葛德一样，是泛神主义的斯宾诺塞[2]。他早年的朋友是近代法国三大诗人：克洛岱尔（Paul Claudel法国驻日大使），Ande Suares[3]，与Charles Peguy[4]（后来与他同办Cahiers de la Quinzaine）。槐格纳[5]是压倒一时的天才，也是罗兰与他少年朋友们的英雄。但在他个人更重要的一个影响是托尔斯泰。他早就读他的著作，十分的爱慕他，后来他念了他的《艺术论》，那只俄国的老象——用一个偷来的比喻——走进了艺术的花园

1 Jean Christophe，《约翰·克利斯朵夫》。
2 斯宾诺塞，今译斯宾诺莎，荷兰哲学家。
3 Ande Suares，不详。
4 Charles Peguy，贝玑，法国诗人、哲学家。
5 槐格纳，今译魏格纳，德国气象学家、地球物理学家。

里去，左一脚踩倒了一盆花，那是莎士比亚，右一脚又踩倒了一盆花，那是贝德花芬，这时候少年的罗曼·罗兰走到了他的思想的歧路了。莎氏、贝氏、托氏，同是他的英雄，但托氏愤愤的申斥莎、贝一流的作者，说他们的艺术都是要不得，不相干的，不是真的人道的艺术——他早年的自己也是要不得不相干的。在罗兰一个热烈的寻求真理者，这来就好似青天里一个霹雳；他再也忍不住他的疑虑。他写了一封信给托尔斯泰，陈述他的冲突的心理。他那年二十二岁。过了几个星期罗兰差不多把那信忘都忘了，一天忽然接到一封邮件：三十八满页写的一封长信，伟大的托尔斯泰的亲笔给这不知名的法国少年的！“亲爱的兄弟，”那六十老人称呼他，“我接到你的第一封信，我深深的受感在心。我念你的信，泪水在我的眼里。”

下面说他艺术的见解：我们投入人生的动机不应是为艺术的爱，而应是为人类的爱。只有经受这样灵感的人才可以希望在他的一生实现一些值得一做的事业。这还是他的老话，但少年的罗兰受深彻感动的地方是在这一时代的圣人竟然这样恳切的同情他，安慰他，指示他，一个无名的异邦人。他那时的感奋我们可以约略想象。因此罗兰这几十年来每逢少年人写信给他，他没有不亲笔作复，用一样慈爱诚挚的心对待他的后辈。这来受他的灵感的少年人更不知多少了。这是一件含奖励性的事实。我们从可以知道凡是一件不勉强的善事就比如春天的熏风，它一路来散布着生命的种子，唤醒活泼的世界。

但罗兰那时离着成名的日子还远，虽则他从幼年起只是不懈的努力。他还得经尝身世的失望（他的结婚是不幸的，近三十年来他几于是完全隐士的生涯，他现在瑞士的鲁山，听说与他妹子同居），种种精神的苦痛，才能实受他的劳力的报酬——他的天才的认识与接受。他写了十二部长篇剧本，三部最著名的传记（密仡朗其罗、贝德花芬、托尔斯泰），十大篇Jean Christophe，算是这时代里最重要的作品的一部，还有他与他的朋友办了十五年灰色的杂志，但他的名字还是在晦塞的灰堆里掩着——直到他将近五十岁那年，这世界方才开始惊讶他的异彩。贝德花芬有几句话，我想可以一样适用到一生劳悴不怠的罗兰身上：

我没有朋友，我必得单独过活；但是我知道在我心灵的底里上帝是近着我，比别人更近。我走近他我心里不害怕，我一向认识他的。我从不着急我自己的音乐，那不是坏运所能颠扑的，谁要能懂得它，它就有力量使他解除磨折旁人的苦恼。

十四年十月

我所知道的康桥

一

我这一生的周折，大都寻得出感情的线索。不论别的，单说求学。我到英国是为要从罗素。罗素来中国时，我已经在美国。他那不确的死耗传到的时候，我真的出眼泪不够，还做悼诗来了。他没有死，我自然高兴。我摆脱了哥伦比亚大博士衔的引诱，买船漂过大西洋，想跟这位二十世纪的福禄泰尔[1]认真念一点书去。谁知一到英国才知道事情变样了：一为他在战时主张和平，二为他离婚，罗素叫康桥给除名了，他原来是Trinity College[2]的fellow[3]，这来他的fellowship[4]也给取消了。他回英国后就在伦敦住下，夫妻两人卖文章过日子。因此我也不

1　福禄泰尔，今译伏尔泰，法国启蒙思想家、哲学家、作家。

2　Trinity College，剑桥大学三一学院。

3　Fellow，研究员。

4　Fellowship，研究员资格。

曾遂我从学的始愿。我在伦敦政治经济学院里混了半年，正感着闷想换路走的时候，我认识了狄更生先生。狄更生——Goldsworthy Lowes Dickinson——是一个有名的作者，他的《一个中国人通信》（Letters from John Chinaman）与《一个现代聚餐谈话》（A Modern Symposium）两本小册子早得了我的景仰。我第一次会着他是在伦敦国际联盟协会席上，那天林宗孟先生演说，他做主席；第二次是宗孟寓里吃茶，有他。以后我常到他家里去。他看出我的烦闷，劝我到康桥去，他自己是王家学院（King's College）的fellow。我就写信去问两个学院，回信都说学额早满了，随后还是狄更生先生替我去在他的学院里说好了，给我一个特别生的资格，随意选科听讲。从此黑方巾、黑披袍的风光也被我占着了。初起我在离康桥六英里的乡下叫沙士顿地方租了几间小屋住下，同居的有我从前的夫人张幼仪女士与郭虞裳君。每天一早我坐街车（有时自行车）上学，到晚回家。这样的生活过了一个春，但我在康桥还只是个陌生人，谁都不认识，康桥的生活，可以说完全不曾尝着，我知道的只是一个图书馆，几个课室，和三两个吃便宜饭的菜食铺子。狄更生常在伦敦或是大陆上，所以也不常见他。那年的秋季我一个人回到康桥，整整有一学年，那时我才有机会接近真正的康桥生活，同时我也慢慢的“发现”了康桥。我不曾知道过更大的愉快。

◎ 徐志摩像

二

“单独”是一个耐寻味的现象。我有时想它是任何发现的第一个条件。你要发现你的朋友的“真”，你得有与他单独的机会。你要发现你自己的真，你得给你自己一个单独的机会。你要发现一个地方（地方一样有灵性），你也得有单独玩的机会。我们这一辈子，认真说，能认识几个人？能认识几个地方？我们都是太匆忙，太没有单独的机会。说实话，我连我的本乡都没有什么了解。康桥我要算是有相当交情的，再次许只有新认识的翡冷翠了。啊，那些清晨，那些黄昏，我一个人发痴似的在康桥！绝对的单独。

但一个人要写他最心爱的物件，不论是人是地，是多么使他为难的一个工作？你怕，你怕描坏了它，你怕说过分了恼了它，你怕说太谨慎了辜负了它。我现在想写康桥，也正是这样的心理，我不曾写，我就知道这回是写不好的——况且又是临时逼出来的事情。但我却不能不写，上期预告已经出去了。我想勉强分两节写：一是我所知道的康桥的天然景色；一是我所知道的康桥的学生生活。我今晚只能极简的写些，等以后有兴会时再补。

三

康桥的灵性全在一条河上：康河，我敢说是全世界最秀丽的一条水。河的名字是葛兰大（Granta），也有叫康河（River Caun）的，许有上下流的区别，我不甚清楚。河身多的是曲折，上游是有名的拜伦潭——“Byron's Pool”——当年拜伦常在那里玩的；有一个老村子叫格兰骞斯德，有一个果子园，你可以躺在累累的桃李树荫下吃茶，花果会掉入你的茶杯，小雀子会到你桌上来啄食，那真是别有一番天地。这是上游；下游是从骞斯德顿下去，河面展开，那是春夏间竞舟的场所。上下河分界处有一个坝筑，水流急得很，在星光下听水声，听近村晚钟声，听河畔倦牛刍草声，是我康桥经验中最神秘的一种：大自然的优美、宁静，调谐在这星光与波光的默契中不期然的淹入了你的性灵。

但康河的精华是在它的中流，著名的“Backs”[1]，这两岸是几个最蜚声的学院的建筑。从上面下来是Pembroke[2]，St.Katharine's[3]，King's[4]，Clare[5]，Trinity，St. John's[6]。最令人留连的一节是克莱亚与王家学院的毗连处，克莱亚的秀丽紧邻着王家教堂（King's Chapel）的宏伟。别的地方尽有更美更庄严的建筑，例如巴黎赛因河的罗浮宫[7]一带，威尼斯的利阿尔多大桥的两岸，翡冷翠维基乌大桥的周遭；但康桥的“Backs”自有它的特长，这不容易用一二个状词来概括，它那脱尽尘埃气的一种清澈秀逸的意境可说是超出了画图而化生了音乐的神味。再没有比这一群建筑更调谐更匀称的了！论画，可比的许只有柯罗（Corot）的田野；论音乐，可比的许只有萧班（Chopin）[8]的夜曲。就这也不能给你依稀的印象，它给你的美感简直是神灵性的一种。

假如你站在王家学院桥边的那棵大椈树荫下眺望，右侧面，隔着一大方浅草坪，是我们的校友居（Fellows Building），

---

1 Backs：英国剑桥大学的后花园。

2 Pembroke，潘布鲁克学院。

3 St.Katharine's，圣凯瑟琳学院。

4 King's，国王学院。

5 Clare，圣克莱尔学院，后文徐志摩译克莱亚。

6 St. John's，圣约翰学院。

7 罗浮宫，今译卢浮宫。

8 萧班（Chopin），今译肖邦，波兰作曲家。

那年代并不早，但它的妩媚也是不可掩的，它那苍白的石壁上春夏间满缀着艳色的蔷薇在和风中摇颤，更移左是那教堂，森林似的尖阁不可浼的永远直指着天空；更左是克莱亚，啊！那不可信的玲珑的方庭，谁说这不是圣克莱亚（St. Clare）的化身，哪一块石上不闪耀着她当年圣洁的精神？在克莱亚后背隐约可辨的是康桥最潢贵最骄纵的三清学院（Trinity）[1]，它那临河的图书楼上坐镇着拜伦神采惊人的雕像。

但这时你的注意早已叫克莱亚的三环洞桥魔术似的摄住。你见过西湖白堤上的西泠断桥不是（可怜它们早已叫代表近代丑恶精神的汽车公司给踩平了，现在它们跟着苍凉的雷峰永远辞别了人间）？你忘不了那桥上斑驳的苍苔，木栅的古色，与那桥拱下泄露的湖光与山色不是？克莱亚并没有那样体面的衬托，它也不比庐山栖贤寺旁的观音桥，上瞰五老的奇峰，下临深潭与飞瀑；它只是怯怜怜的一座三环洞的小桥，它那桥洞间也只掩映着细纹的波粼与婆娑的树影，它那桥上栉比的小穿兰与兰节顶上双双的白石球，也只是村姑子头上不夸张的香草与野花一类的装饰；但你凝神的看着，更凝神的看着，你再反省你的心境，看还有一丝屑的俗念沾滞不？只要你审美的本能不曾汩灭时，这是你的机会实现纯粹美感的神奇！

但你还得选你赏鉴的时辰。英国的天时与气候是走极端

---

1 三清学院（Trinity），旧译三清学院，今译三一学院。

的。冬天是荒谬的坏，逢着连绵的雾盲天你一定不迟疑的甘愿进地狱本身去试试；春天（英国是几乎没有夏天的）是更荒谬的可爱，尤其是它那四五月间最渐缓最艳丽的黄昏，那才真是寸寸黄金。在康河边上过一个黄昏是一服灵魂的补剂。啊！我那时蜜甜的单独，那时蜜甜的闲暇。一晚又一晚的，只见我出神似的倚在桥栏上向西天凝望——

看一回凝静的桥影，

数一数螺钿的波纹：

我倚暖了石栏的青苔，

青苔凉透了我的心坎……

还有几句更笨重的怎能仿佛那游丝似轻妙的情景：

难忘七月的黄昏，远树凝寂，

像墨泼的山形，衬出轻柔暝色，

密稠稠，七分鹅黄，三分橘绿，

那妙意只可去秋梦边缘捕捉……

四

这河身的两岸都是四季常青最葱翠的草坪。从校友居的楼上望去，对岸草场上，不论早晚，永远有十数匹黄牛与白马，胫蹄没在恣蔓的草丛中，从容的在咬嚼，星星的黄花在风中动荡，应和着它们尾鬃的扫拂。桥的两端有斜倚的垂柳与椈荫护住。水是澈底的清澄，深不足四尺，匀匀的长着长条的水草。这岸边的草坪又是我的爱宠，在清朝，在傍晚，我常去这天然的织锦上坐地，有时读书，有时看水，有时仰卧着看天空的行云，有时反扑着搂抱大地的温软。

但河上的风流还不止两岸的秀丽。你得买船去玩。船不止一种：有普通的双桨划船，有轻快的薄皮舟（Canoe），有最别致的长形撑篙船（Punt）。最末的一种是别处不常有的：约莫有二丈长，三尺宽，你站直在船梢上用长竿撑着走的。这撑是一种技术。我手脚太蠢，始终不曾学会。你初起手尝试时，容易把船身横住在河中，东颠西撞的狼狈。英国人是不轻易开口笑人的，但是小心他们不出声的皱眉！也不知有多少次河中本来优闲的秩序叫我这莽撞的外行给捣乱了。我真的始终不曾学会；每回我不服输跑去租船再试的时候，有一个白胡子的船家往往带讥讽的对我说："先生，这撑船费劲，天热累人，还是拿个薄皮舟溜溜吧！"我哪里肯听话，长篙子一点就把船撑了开去，结果还是把河身一段段的腰斩了去！

你站在桥上去看人家撑，那多不费劲，多美，尤其在礼拜天有几个专家的女郎，穿一身缟素衣服，裙裾在风前悠悠的飘着，戴一顶宽边的薄纱帽，帽影在水草间颤动，你看她们出桥洞时的姿态，捻起一根竟像没分量的长竿，只轻轻的，不经心的往波心里一点，身子微微的一蹲，这船身便波的转出了桥影，翠条鱼似的向前滑了去。她们那敏捷，那闲暇，那轻盈，

◎ 河岸 法国 皮埃尔·尤金·芒特金

真是值得歌咏的。

在初夏阳光渐暖时你去买一支小船，划去桥边荫下躺着念你的书或是做你的梦，槐花香在水面上飘浮，鱼群的唼喋声在你的耳边挑逗。或是在初秋的黄昏，近着新月的寒光，望上流僻静处远去。爱热闹的少年们携着他们的女友，在船沿上支着双双的东洋彩纸灯，带着话匣子，船心里用软垫铺着，也开向无人迹处去享他们的野福——谁不爱听那水底翻的音乐在静定的河上描写梦意与春光！

住惯城市的人不易知道季候的变迁。看见叶子掉知道是秋，看见叶子绿知道是春；天冷了装炉子，天热了拆炉子；脱下棉袍，换上夹袍，脱下夹袍，穿上单袍；不过如此罢了。天上星斗的消息，地下泥土里的消息，空中风吹的消息，都不关我们的事。忙着哪，这样那样事情多着，谁耐烦管星星的移转，花草的消长，风云的变幻？同时我们抱怨我们的生活、苦痛、烦闷、拘束、枯燥，谁肯承认做人是快乐？谁不多少间咒诅人生？

但不满意的生活大都是由于自取的。我是一个生命的信仰者，我信生活决不是我们大多数人仅仅从自身经验推得的那样暗惨。我们的病根是在“忘本”。人是自然的产儿，就比枝头的花与鸟是自然的产儿；但我们不幸是文明人，入世深似一天，离自然远似一天。离开了泥土的花草，离开了水的鱼，能快活吗？能生存吗？从大自然，我们取得我们的生命；从大自然，我们应分取得我们继续的资养。哪一株婆娑的大木没有盘错的根柢深入在无尽藏的地里？我们是永远不能独立的。有幸福是永远不离母亲抚育的孩子，有健康是永远接近自然的人们。不必一定与鹿豕游，不必一定回“洞府”去；为医治我们当前生活的枯窘，只要“不完全遗忘自然”一张轻淡的药方我们的病象就有缓和的希望。在青草里打几个滚，到海水里洗几次浴，到高处去看几次朝霞与晚照——你肩背上的负担就会轻松了去的。

这是极肤浅的道理，当然。但我要没有过遇康桥的日子，我就不会有这样的自信。我这一辈子就只那一春，说也可怜，算是不曾虚度。就只那一春，我的生活是自然的，是真愉快的！（虽则碰巧那也是我最感受人生痛苦的时期。）我那时有的是闲暇，有的是自由，有的是绝对单独的机会。说也奇怪，竟像是第一次，我辨认了星月的光明，草的青，花的香，流水的殷勤。我能忘记那初春的睥睨吗？曾经有多少个清晨我独自冒着冷去薄霜铺地的林子里闲步——为听鸟语，为盼朝阳，为寻泥土里渐次苏醒的花草，为体会最微细最神妙的春信。啊，那是新来的画眉在那边凋不尽的青枝上试它的新声！啊，这是第一朵小雪球花挣出了半冻的地面！啊，这不是新宋的潮润沾上了寂寞的柳条？

静极了，这朝来水溶溶的大道，只远处牛奶车的铃声，点缀这周遭的沉默。顺着这大道走去，走到尽头，再转入林子里的小径，往烟雾浓密处走去，头顶是交枝的榆荫，透露着漠楞楞的曙色；再往前走去，走尽这林子，当前是平坦的原野，望见了村舍，初青的麦田，更远三两个馒形的小山掩住了一条通道。天边是雾茫茫的，尖尖的黑影是近村的教寺。听，那晓钟和缓的清音。这一带是此邦中部的平原，地形像是海里的轻波，默沉沉的起伏；山岭是望不见的，有的是常青的草原与沃腴的田壤。登那土阜上望去，康桥只是一带茂林，拥戴着几处娉婷的尖阁。妩媚的康河也望不见踪迹，你只能循着那锦带似的林木想象那一流清浅。村舍与树林是这地盘上的棋子，有村舍处有佳荫，有佳荫处有村舍。这早起是看炊烟的时辰：朝雾渐渐的升起，揭开了这灰苍苍的天幕（最好是微霰后的光景），远近的炊烟，成丝的、成缕的、成卷的、轻快的、迟重的、浓灰的、淡青的、惨白的，在静定的朝气里渐渐的上腾，渐渐的不见，仿佛是朝来人们的祈祷，参差的翳入了天听。朝阳是难得见的，这初春的天气。但它来时是起早人莫大的愉快。顷刻间这田野添深了颜色，一层轻纱似的金粉糁上了这草，这树，这通道，这庄舍。顷刻间这周遭弥漫了清晨富丽的温柔。顷刻间你的心怀也分润了白天诞生的光荣。“春”！这胜利的晴空仿佛在你的耳边私语。“春”！你那快活的灵魂也仿佛在那里回响。

……

伺候着河上的风光，这春来一天有一天的消息。关心石上的苔痕，关心败草里的花鲜，关心这水流的缓急，关心水草的滋长，关心天上的云霞，关心新来的鸟语。怯怜怜的小雪球是探春信的小使。铃兰与香草是欢喜的初声。窈窕的莲馨，玲珑的石水仙，爱热闹的克罗克斯，耐辛苦的蒲公英与雏菊——这时候春光已是烂漫在人间，更不须殷勤问讯。

瑰丽的春放。这是你野游的时期。可爱的路政，这里不比中国，哪一处不是坦荡荡的大道？徒步是一个愉快，但骑自转车是一个更大的愉快，在康桥骑车是普遍的技术；妇人、稚子、老翁，一致享受这双轮舞的快乐。（在康桥听说自转车是不怕人偷的，就为人人都自己有车，没人要偷。）任你选一个方向，任你上一条通道，顺着这带草味的和风，放轮远去，保管你这半

◎ 森林里的春天 法国 皮埃尔·尤金·芒特金

天的逍遥是你性灵的补剂。这道上有的是清荫与美草，随地都可以供你休憩。你如爱花，这里多的是锦绣似的草原。你如爱鸟，这里多的是巧啭的鸣禽。你如爱儿童，这乡间到处是可亲的稚子。你如爱人情，这里多的是不嫌远客的乡人，你到处可以“挂单”借宿，有酪浆与嫩薯供你饱餐，有夺目的果鲜恣你尝新。你如爱酒，这乡间每“望”都为你储有上好的新酿，黑啤如太浓，苹果酒、姜酒都是供你解渴润肺的。……带一卷书，走十里路，选一块清静地，看天，听鸟，读书，倦了时，和身在草绵绵处寻梦去——你能想象更适情更适性的消遣吗？

陆放翁有一联诗句：“传呼快马迎新月，却上轻舆趁晚凉”；这是做地方官的风流。我在康桥时虽没马骑，没轿子坐，却也有我的风流：我常常在夕阳西晒时骑了车迎着天边扁大的日头直追。日头是追不到的，我没有夸父的荒诞，但晚景的温存却被我这样偷尝了不少。有三两幅画图似的经验至今还是栩栩的留着。只说看夕阳，我们平常只知道登山或是临海，但实际只须辽阔的天际，平地上的晚霞有时也是一样的神奇。有一次我赶到一个地方，手把着一家村庄的篱笆，隔着一大田的麦浪，看西天的变幻。有一次是正冲着一条宽广的大道，过来一大群羊，放草归来的，偌大的太阳在它们后背放射着万缕的金辉，天上却是乌青青的，只剩这不可逼视的威光中的一条大路，一群生物！我心头顿时感着神异性的压迫，我真的跪下了，对着这冉冉渐翳的金光。再有一次是更不可忘的奇景，那是临着一大片望不到头的草原，满开着艳红的罂粟，在青草里亭亭像是万盏的金灯，阳光从褐色云斜着过来，幻成一种异样紫色，透明似的不可逼视，刹那间在我迷眩了的视觉中，这草田变成了……不说也罢，说来你们也是不信的！

一别二年多了，康桥，谁知我这思乡的隐忧？也不想别的，我只要那晚钟撼动的黄昏，没遮拦的田野，独自斜倚在软草里，看第一个大星在天边出现！

十五年一月十五日

印度洋上的秋思

昨夜中秋。黄昏时西天挂下一大帘的云母屏，掩住了落日的光潮，将海天一体化成暗蓝色，寂静得如黑衣尼在圣座前默祷。过于一刻，即听得船梢布篷上窸窸窣窣啜泣起来，低压的云夹着迷蒙的雨色，将海线逼得像湖一般窄，沿边的黑影，也辨认不出是山是云，但涕泪的痕迹，却满布在空中水上。

又是一番秋意！那雨声在急骤之中，有零落萧疏的况味，连着阴沉的气氲，只是在我灵魂的耳畔私语道："秋"！我原来无欢的心境，抵御不住那样温婉的浸润，也就开放了春夏间所积受的秋思，和此时外来的怨艾构合，产出一个弱的婴儿——"愁"。

天色早已沉黑，雨也已休止。但方才啜泣的云，还疏松地幕在天空，只露着些惨白的微光，预告明月已经装束齐整，专等开幕。同时船烟正在莽莽苍苍地吞吐，筑成一座蟒鳞的长桥，直联及西天尽处，和轮船泛出的一流翠波白沫，上下对照，留恋西来的踪迹。

◎ 河岸上的日出 法国 夏尔·弗朗索瓦·多比尼

北天云幕豁处，一颗鲜翠的明星，喜孜孜地先来问探消息，像新嫁媳的侍婢，也穿扮得遍体光艳。但新娘依然姗姗未出。

我小的时候，每于中秋夜，呆坐在楼窗外等看“月华”。若然天上有云雾缭绕，我就替“亮晶晶的月亮”担忧。若然见了鱼鳞似的云彩，我的小心就欣欣怡悦，默祷着月儿快些开花，因为我常听人说只要有“瓦楞”云，就有月华；但在月光放彩以前，我母亲早已逼我去上床，所以月华只是我脑筋里一个不曾实现的想象，直到如今。

现在天上砌满了瓦楞云彩，霎时间引起了我早年许多有趣的记忆——但我的纯洁的童心，如今哪里去了！

月光有一种神秘的引力。她能使海波咆哮，她能使悲绪生潮。月下的喟息可以结聚成山，月下的情泪可以培峙百亩的畹兰，千茎的紫琳耿。我疑悲哀是人类先天的遗传，否则，何以我们几年不知悲感的时期，有时对着一泻的清辉，也往往凄心滴泪呢？

但我今夜却不曾流泪。不是无泪可滴，也不是文明教育将我最纯洁的本能锄净，却为是感觉了神圣的悲哀，将我理解的好奇心激动，想学契古特白登[1]来解剖这神秘的“眸冷骨累”。冷的智永远是热的情的死仇。他们不能相容的。

但在这样浪漫的月夜，要来练习冷酷的分析，似乎不近人情！所以我的心机一转，重复将锋快的智刃剧起，让沉醉的情泪自然流转，听他产生什么音乐，让绻缱的诗魂漫自低回，看他寻出什么梦境。

明月正在云岩中间，周围有一圈黄色的彩晕，一阵阵的轻霭，在她面前扯过。海上几百道起伏的银沟，一齐在微叱凄其的音节，此外不受清辉的波域，在暗中愤愤涨落，不知是怨是慕。

我一面将自己一部分的情感，看入自然界的现象，一面拿着纸笔，痴望着月彩，想从她明洁的辉光里，看出今夜地面上秋思的痕迹，希冀她们在我心里，凝成高洁情绪的菁华。因为她光明的捷足，今夜遍走天涯，人间的恩怨，哪一件不经过她

1　契古特白登，今译夏多勃里昂，法国作家。

的慧眼呢?

印度的埂奇(Ganges)[1]河边有一座小村落，村外一个榕绒密绣的湖边，坐着一对情醉的男女，他们中间草地上放着一尊古铜香炉，烧着上品的水息，那温柔婉恋的烟篆，沉馥香浓的热气，便是他们爱感的象征——月光从云端里轻俯下来，在那女子胸前的珠串上，水息的烟尾上，印下一个慈吻，微哂，重复登上她的云艇，上前驶去。

一家别院的楼上，窗帘不曾放下，几枝肥满的桐叶正在玻璃上摇曳斗趣，月光窥见了窗内一张小蚊床上紫纱帐里，安眠着一个安琪儿似的小孩，她轻轻挨进身去，在他温软的眼睫上，嫩桃似的腮上，抚摩了一会。又将她银色的纤指，理齐了他脐圆的额发，蔼然微哂着，又回她的云海去了。

一个失望的诗人，坐在河边一块石头上，满面写着幽郁的神情，他爱人的仙影，在他胸中像河水似的流动，他又不能在失望的渣滓里榨出些微甘液，他张开两手，仰着头，让大慈大悲的月光，那时正在过路，洗沐他泪腺湿肿的眼眶，他似乎感觉到清心的安慰，立即摸出一枝笔，在白衣襟上写道:

“月光，

你是失望儿的乳娘!”

面海一座柴屋的窗棂里，望得见屋里的内容：一张小桌

1 埂奇(Ganges)，今译恒河。

◎ 坐在摇篮旁的女人 荷兰 梵高

上放着半块面包和几条冷肉，晚餐的剩余，窗前几上开着一本家用的《圣经》，炉架上两座点着的烛台，不住地在流泪，旁边坐着一个皱面驼腰的老妇人，两眼半闭不闭地落在伏在她膝上悲泣的一个少妇，她的长裙散在地板上像一只大花蝶。老妇人掉头向窗外望，只见远远海涛起伏，和慈祥的月光在拥抱密吻，她叹了声气向着斜照在《圣经》上的月彩嗫道：

“真绝望了！真绝望了！”

她独自在她精雅的书室里，把灯火一齐熄了，倚在窗口一架藤椅上，月光从东墙肩上斜泻下去，笼住她的全身，在花瓶上幻出一个窈窕的倩影，她两根垂辫的发梢，她微澹的媚唇，和庭前几茎高峙的玉兰花，都在静秘的月色中微颤，她加她的呼吸，吐出一股幽香，不但邻近的花草，连月儿闻了，也禁不住迷醉，她腮边天然的妙涡，已有好几日不圆满：她瘦损了。但她在想什么呢？月光，你能否将我的梦魂带去，放在离她三五尺的玉兰花枝上。

威尔斯[1]西境一座矿床附近，有三个工人，口衔着笨重的烟斗，在月光中闲坐。他们所能想到的话都已讲完，但这异样的月彩，在他们对面的松林，左首的溪水上，平添了不可言语比说的妩媚，惟有他们工余倦极的眼珠不阖，彼此不约而同今晚较往常多抽了两斗的烟，但他们矿火熏黑，煤块擦黑的面容，

1 威尔斯，今译威尔士，英国本岛南部地区。

表示他们心灵的薄弱，在享乐烟斗以外，虽然秋月溪声的戟刺，也不能有精美情绪之反感。等月影移西一些，他们默默地扑出了一斗灰，起身进屋，各自登床睡去。月光从屋背飘眼望进去，只见他们都已睡熟；他们即使有梦，也无非矿内矿外的景色！

月光渡过了爱尔兰海峡，爬上海尔佛林的高峰，正对着静默的红潭。潭水凝定得像一大块冰，铁青色。四周斜坦的小峰，全都满铺着蟹青和蛋白色的岩片碎石，一株矮树都没有。沿潭间有些丛草，那全体形势，正像一大青碗，现在满盛了清洁的月辉，静极了，草里不闻虫吟，水里不闻鱼跃；只有石缝里潜涧沥淅之声，断续地作响，仿佛一座大教堂里点着一星小火，益发对照出静穆宁寂的境界，月儿在铁色的潭面上，倦倚了半晌，重复拔起她的银泻，过山去了。

昨天船离了新加坡以后，方向从正东改为东北，所以前几天的船梢正对落日，此后“晚霞的工厂”渐渐移到我们船向的左手来了。

昨夜吃过晚饭上甲板的时候，船右一海银波，在犀利之中涵有幽秘的彩色，凄清的表情，引起了我的凝视。那放银光的圆球正挂在你头上，如其起靠着船头仰望。她今夜并不十分鲜艳：她精圆的芳容上似乎轻笼着一层藕灰色的薄纱；轻漾着一种悲喟的音调；轻染着几痕泪化的雾霭。她并不十分鲜艳，然而她素洁温柔的光线中，犹之少女浅蓝妙眼的斜瞟；犹之春阳融解在山巅白云反映的嫩色，含有不可解的迷力，媚态，世间凡具有感觉性的人，只要承沐着她的清辉，就发生也是不可理解的反应，引起隐复的内心境界的紧张，——像琴弦一样，——人生最微妙的情绪，戟震生命所蕴藏高洁名贵创现的冲动。有时在心理状态之前，或于同时，撼动躯体的组织，使感觉血液中突起冰流之冰流；嗅神经难禁之酸辛，内藏汹涌之跳动，泪腺之骤热与润湿。那就是秋月兴起的秋思——愁。

昨晚的月色就是秋思的泉源，岂止，直是悲哀幽骚悱怨沉郁的象征，是季候运转的伟剧中最神秘亦最自然的一幕，诗艺界最凄凉亦最微妙的一个消息。

今夜月明人尽望，不知秋思在谁家。

中国字形具有一种独一的妩媚，有几个字的结构，我看来纯是艺术家的匠心：这也是我们国粹之尤粹者之一。譬如“秋”字，已经是一个极美的字形：“愁”字更是文字史上有数的杰作；有石开湖晕，风扫松针的妙处，这一群点画的配置，简直经过柯罗的书篆，米佗朗其罗的雕圭，Chopin的神感；像——用一个科学的比喻——原子的结构，将旋转宇宙的大力收缩成一个无形无踪的电核；这十三笔造成的象征，似乎是宇宙和人生悲惨的现象和经验，吁喟和涕泪，所凝成最纯粹精密的结晶，满充了催迷的秘力。你若然有高蒂闲（Gautier）[1]异超的知感性，定然可以梦到，愁字变形为秋霞黯绿色的通明宝

1　高蒂闲（Gautier），今译戈蒂埃，法国诗人。

◎ 月夜看潮图 宋 李嵩

玉，若用银槌轻击之，当吐银色的幽咽电蛇似腾入云天。

我并不是为寻秋意而看月，更不是为觅新愁而访秋月；蓄意沉浸于悲哀的生活，是丹德所不许的。我盖见月而感秋色，因秋窗而拈新愁：人是一簇脆弱而富于反射性的神经！我重复回到现实的景色，轻裹在云锦之中的秋月，像一个遍体蒙纱的女郎，她那团圆清朗的外貌像新娘，但同时她幂弦的颜色，那是藕灰，她踟躇的行踵，掩泣的痕迹，又使人疑是送丧的丽姝。所以载曾说：

“秋月呀?

我不盼望你团圆。”

这是秋月的特色，不论她是悬在落日残照边的新镰，与“黄昏晓”竞艳的眉钩，中宵斗没西陲的金碗，星云参差间的银床，以至一轮腴满的中秋，不论盈昃高下，总在原来澄爽明秋之中，遍洒着一种我只能称之为“悲哀的轻霭”，和“传愁的以太”。即使你原来无愁，见此也禁不得沾染那“灰色的音调”，渐渐兴感起来！

秋月呀！

谁禁得起银指尖儿

浪漫地搔爬呵！

不信但看那一海的轻涛，可不是禁不住她一指的抚摩，在那里低徊饮泣呢！就是那：

无聊的云烟，

秋月的美满，

熏暖了飘心冷眼，

也清冷地穿上了轻缟的衣裳，

来参与这

美满的婚姻和丧礼。

十月六日志摩

轻轻的我走了，
正如我轻轻的来

深山故人，旧城深巷，
古街老猫。
什么样的终点
才能配得上我这一路的
颠沛流离。

悼沈叔薇

沈叔薇是我的一个表兄，从小同学，高小中学（杭州一中）都是同班毕业的，他是今年九月死的。

叔薇，你竟然死了，我常常的想着你，你是我一生最密切的一个人，你的死是我的一个不可补偿的损失。我每次想到生与死的究竟时，我不定觉得生是可欲，死是可悲，我自己的经验与默察只使我相信生的底质是苦不是乐，是悲哀不是幸福，是泪不是笑，是拘束不是自由：因此从生入死，在我有时看来，只是解化了实体的存在，脱离了现象的世界，你原来能辨别苦乐，忍受磨折的性灵，在这最后的呼吸离窍的俄顷，又投入了一种异样的冒险。我们不能轻易的断定那一边没有阳光与人情的温慰，亦不能设想苦痛的灭绝。但生死间终究有一个不可掩讳的分别，不论你怎样的看法。出世是一件大事，死亡亦是一件大事。一个婴儿出母胎时他便与这生的世界开始了关系，这关系却不能随着他去后的躯壳埋掩，这一生与一死，不论相间的距离怎样的短，不论他生时的世界怎样的仄——这一生死便是一个不可销毁的事实：比如海水每多一次潮涨海滩便多受一次泛滥，我们全体的生命的滩沙里，我想，也存记着最微小的波动与影响……

而况我们人又是有感情的动物。在你活着的时候，我可以携着你的手，谈我们的谈，笑我们的笑，一同在野外仰望天上的繁星，或是共感秋风与落叶的悲凉……叔薇，你这几年虽则与我不易相见，虽则彼此处世的态度更不如童年时的一致，但我知道，我相信在你的心里还留着一部分给我的情愿，因为你也在我的胸中永占着相当的关切。我忘不了你，你也忘不了我。每次我回家乡时，我往往在不曾解卸行装前已经亟亟的寻求，欣欣的重温你的伴侣。但如今在你我间的距离，不再是可以度量的里程，却是一切距离中最辽远的一种距离——生与死的距离。我下次重归乡土，再没有机会与你携手谈笑，再不能与你相与恣纵早年的狂态，我再到你们家去，至多只能抚摩你的寂寞的灵帏，仰望你的惨淡的遗容，或是手拿一把鲜花到你的坟前凭吊！

叔薇，我今晚在北京的寓里，在一个冷静的秋夜，倾听着风催落叶的秋声，咀嚼着为你兴起的哀思，这几行文字，虽则是随意写下，不成章节，但在这舒写自来情感的俄顷，我仿佛又一度接近了你生前温驯的，谐趣的人格，仿佛又见着了你瘦脸上的枯涩的微笑——比在生前更谐合的更密切的接近。

◎ 秋景图 明 项圣谟

我没有多少的话对你说，叔薇，你得宽恕我；当你在世时我们亦很少相互罄吐的机会。你去世的那一天我来看你，那时你的头上，你的眉目间，已经刻画着死的晦色，我叫了你一声叔薇，你也从枕上侧面来回叫我一声志摩，那便是我们在永别前最后的缘分！我永远忘不了那时病榻前的情景！

我前面说生命不定是可喜，死亦不定可畏：叔薇，你的一生尤其不曾尝味过生命里可能的乐趣，虽则你是天生的达观，从不曾慕羡虚荣的人间；你如其继续的活着，支撑着你的多病的筋骨，委蛇你无多沾恋的家庭，我敢说这样的生转不如撒手去了的干净！况且你生前至爱的骨肉，亦久已不在人间，你的生身的爹娘，你的过继的爹娘（你的姑母），你的姊姊——可怜娟姊，我始终不曾一度凭吊——还有你的爱妻，他们都在坟墓的那一边满开着他们天伦的怀抱，守候着他们最爱的“老五”，共用永久的安闲……

十一月一日早三时

你的表弟志摩

死城（北京的一晚）

廉枫站在前门大街上发怔。正当上灯的时候，西河沿的那一头还漏着一片焦黄。风算是刮过了，但一路来往的车辆总不能让道上的灰土安息。他们忙的是什么？翻着皮耳朵的巡警不仅得用手指，还得用口嚷，还得旋着身体向左右转。翻了车，碰了人，还不是他的事？声响是杂极了的，但你果然当心听的话，这匀匀的一片也未始没有它的节奏；有起伏，有波折，也有间歇。人海里的潮声。廉枫觉得他自己坐着一叶小艇从一个涛峰上颠渡到又一个涛峰上。他的脚尖在站着的地方不由的往下一按，仿佛信不过他站着的是坚实的地土。

在灰土狂舞的青空兀突着前门的城楼，像一个脑袋，像一个骷髅。青底白字的方块像是骷髅脸上的窟窿，显着无限的忧郁，廉枫从不曾想到前门会有这样的面目。它有什么忧郁？它能有什么忧郁。可也难说，明陵的石人石马，公园的公理战胜碑，有时不也看得发愁？总像是有满肚的话无从说起似的。这类东西果然有灵性，能说话，能冲着来往人们打哈哈，那多有意思！但前门现在只能沉默，只能忍受——忍受黑暗，忍受漫漫的长夜。它即使有话也得过些时候再说，况且它自己的脑壳都已让给蝙蝠们，耗子们做了家，这时候它们正在活动，——它即使能说话也不能说。这年头一座城门都有难言的隐衷，真是的！在黑夜的逼近中，它那壮伟，它那博大，看得多么远，多么孤寂，多么冷。

大街上的神情可是一点也不见孤寂，不见冷。这才是红尘，颜色与光亮的一个斗胜场，够好看的。你要是拿一块绸绢盖在你的脸上再望这一街的红艳，那完全另是一番景象。你没有见过威尼市大运河上的晚照不是？你没有见过纳尔逊大将在地中海口轰打拿破仑舰队不是？你也没有见过四川青城山的朝霞，英伦泰晤士河上雾景不是？好了，这来用手绢一护眼看前门大街——你全见着了。一转手解开了无穷的想象的境界，多巧！廉枫搓弄着他那方绸绢不是不得意他的不期的发现。但他一转身又瞥见了前门城楼的一角，在灰苍中隐现着。

进城吧。大街有什么好看的？那外表的热闹正使人想起丧事人家的鼓吹，越喧阗越显得凄凉。况且他自己的心上又横着一大饼的凉，凉得发痛。仿佛他内心的世界也下了雪，路旁的树枝都蘸着银霜似的。道旁树上的冰花可真是美：直条的，横条的，肥的瘦的，梅花也欠他几分晶莹，又是那恬静的神情，受苦还是含笑。可不是受苦，小小的生命躲在枝干最中心的纤微里耐着风雪的侵凌——它们那心窝里也有一大饼的凉。但它

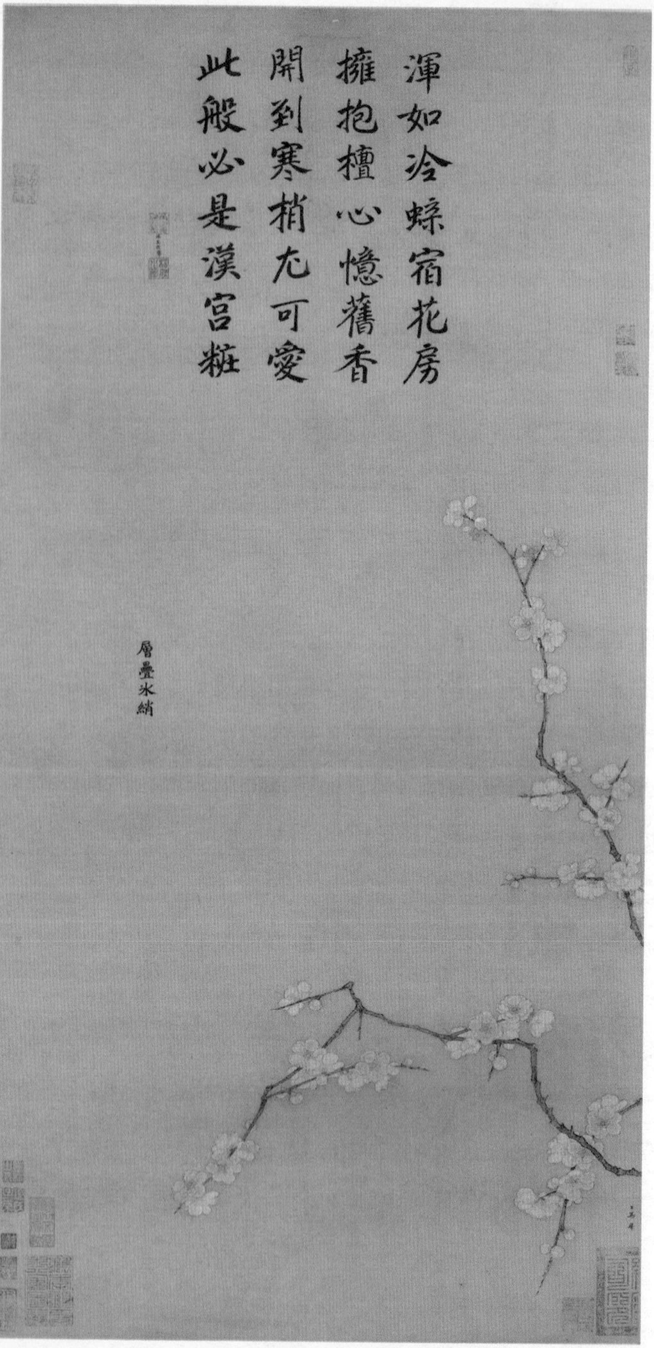

◎ 层叠冰绡图轴
南宋 马麟

们可不怨；它们明白，它们等着，春风一到它们就可抬头，它们知道，荣华是不断的，生命是悠久的。

生命是悠久的。这大冷天，雪风在你的颈根上直刺，虫子潜伏在泥土里等打雷，心窝里带着一饼子的凉，你往哪儿去？上城墙去望望不好吗？屋顶上满铺着银，僵白的树木上也不见恼人的春色，况且那东南角上亮亮的不是上弦的月正在升起码？月与雪是有默契的。残破的城砖上停留着残雪的斑点，像是无名的伤痕，月光淡淡的斜着来，如同有手指似的抚摩着它的荒凉的伙伴。猎夫星[1]正从天边翻身起来，腰间翘着箭囊，卖弄着他的英勇。西山的屏峦竟许也望得到，青青的几条发丝勾勒着沉郁的暝色，这上面悬照着太白星耀眼的宝光。灵光寺的木叶，秘魔岩的沉寂，香山的冻泉，碧云山的云气，山坳间或有一星二星的火光，在雪意的惨淡里点缀着惨淡的人迹……这算计不错，上城墙去，犯着寒，冒着夜。黑黑的，孤零零的，看月光怎样把我的身影安置到雪地里去。廉枫正走近交民巷一边的城根，听着美国兵营的溜冰场里的一阵笑响，忽然记起这边是帝国主义的禁地，中国人怕不让上去。果然，那一个长六尺高一脸糟瘢守门兵只对他摇了摇脑袋，磨着他满口的橡皮，挺着胸脯来回走他的路。

不让进去，辜负了，这荒城，这凉月，这一地的银霜。心

---

1 猎夫星，今译猎户星。

头那一饼还是不得疏散。郁得更凉了。不到一个适当的境地你就不敢拿你自己尽量的往外放，你不敢面对你自己；不敢自剖。仿佛也有个糟瘢脸的把着门哪。他不让进去。有人得喝够了酒才敢打倒那糟瘢脸的。有人得仰仗迷醉的月色。人是这软弱。什么都怕，什么都不敢当面认一个清切；最怕看见自己。得！还有什么地方可去的？敢去吗？

廉枫抬头望了望星。疏疏的没有几颗。也不显亮。七姊妹倒看得见，挨得紧紧的，像一球珠花。顺着往东去不好吗？往东是顺的。地球也是这么走。但这陌生的胡同在夜晚。觉得多深沉，多窈远。单这静就怕人。半天也不见一副卖萝卜或是卖杂吃的小担。他们那一个小火，照出红是红青是青的，在深巷里显得多可亲，多玲珑，还有他们那叫卖声，虽则有时曳长得叫人听了悲酸，也是深巷里不可少的点缀。就像是空白的墙壁上挂上了字画，不论精粗，多少添上一点人间的趣味。你看他们把担子歇在一家门口，站直了身子，昂着脑袋，咧着大口唱——唱得脖子里筋都暴起了。这来邻近哪家都不能不听见。那调儿且在那空气里转着哪——他们自个儿的口鼻间蓬蓬的晃着一团的白云。

今晚什么都没有。狗都不见一只。家门全是关得紧紧的。墙壁上的油灯——一小米的火——活像是鬼给点上的。方便鬼的。骡马车碾烂的雪地，在这鬼火的影映下，都满是鬼意。鬼来跳舞过的。化子们叫雪给埋了。口袋里有的是铜子，要见着

◎ 北京美观 唐纳德·曼尼 摄

化子，在这年头，还有不布施的？静：空虚的静，墓底的静。这胡同简直没有个底。方才拐了没有？廉枫望了望星知道方向没有变。总得有个尽头，赶着走吧。

走完了胡同到了一个旷场。白茫茫的。头顶星显得更多更亮了。猎夫早就全身披挂的支起来了，狗在那一头领着路。大熊也见了。廉枫打了一个寒噤。他走到了一座坟山。外国人的，在这城根。也不知怎么的，门没有关上。他进了门。这儿地上的雪比道上的白得多，松松的满没有斑点。月光正照着，墓碑有不少，疏朗朗的排列着，一直到黑巍巍的城根。有高的，有矮的，也有雕镂着形象的。悄悄的全戴着雪帽，盖着雪被，悄悄的全躺着。这倒有意思，月下来拜会洋鬼子，廉枫叹了一口气。他走近一个墓墩，拂去了石上的雪，坐了下去。石上刻着字，许是金的，可不易辨认。廉枫拿手指去摸那字迹。冷极了！那雪腌过的石板啄墨纸似的猛收着他手指上的体温。冷得发僵，感觉都失了。他哈了口气再摸，仿佛人家不愿意你非得请教姓名似的。摸着了，原来是一位姑娘，FRAULEIN ELIZA BERKSON[1]。还得问几岁，这字小更费事，可总得知道。早三年死的二十八减六是二十二。呀，一位妙年姑娘，才二十二岁的！廉枫感到一种奇异的战栗，从他的指尖上直通到发尖；仿佛身背着一个黑影子在晃动。但雪地上只有淡白的月光，黑影子是他自己的。

做梦也不易梦到这般境界。我陪着你哪，外国来的姑娘。廉枫的肢体在夜凉里冻得发了麻，就是胸潭里一颗心热热的跳着，应和着头顶明星的闪动。人是这软弱，他非得要同情。盘踞在肝肠深处的那些非得要一个尽情倾吐的机会。活的时候得不着，临死，只要一口气不曾断，还非得招承。眼珠已经褪了光，发音都不得清楚，他一样非得忏悔。非得到永别生的时候人才有胆量，才没有顾忌。每一个灵魂里都安着一点谎。谎能进天堂吗？你不是也对那穿黑长袍胸前挂金十字的老先生说了你要说的话才安心到这石块底下躺着不是，贝克生姑娘？我还不死哪。但这静定的夜景是多大一个引诱！我觉得我的身子已

1 FRAULEIN ELIZA BERKSON，德语，艾丽莎·伯克森小姐。

经死了，就只一点子灵性在一个梦世界的浪花里浮萍似的飘着。空灵，安逸。梦世界是没有墙围的。没有涯涘的。你得宽恕我的无状，在昏夜里踞坐在你的寝次，姑娘。但我已然感到一种超凡的宁静，一种解放，一种莹澈的自由。这也许是你的灵感——你与雪地上的月影。

我不能承受你的智慧，但你却不能吝惜你的容忍。我不是你的谁，不是你的朋友，不是你的相知，但你不能不认识我现在向你诉说的忧愁，你——廉枫的手在石板的一头触到了冻僵的一束什么。一把萎谢了的花——玫瑰。有三朵，叫雪给腌僵了。他亲了亲花瓣上的冻雪。我羡慕你在人间还有未断的恩情，姑娘，但这也是个累赘，说到彻底的话。这三朵香艳的花放上你的头边——他或是你的亲属或是你的知己——你不能不生感动不是？我也曾经亲自到山谷里去采集野香去安放在我的她的头边。我的热泪滴上冰冷的石块时，我不能怀疑她在泥土里或在星天外也含着悲酸在体念我的情意。但她是远在天的又一方，我今晚只能借景来抒解我的苦辛——人生是辛苦的。最辛苦是那些在黑茫茫的天地间寻求光热的生灵。可怜的秋蛾，他永远不能忘情于火焰。在泥草间化生，在黑暗里飞行，抖擞着翅羽上的金粉——它的愿望是在万万里外的一颗星。那是我。见着光就感到激奋，见着光就顾不得粉脆的躯体，见着光就满身充满着悲惨的神异，殉献的奇丽——到火焰的底里去实现生命的意义。那是我。天让我望见那一柱光！那一个灵异的

◎ 玫瑰 荷兰 梵高

时间！“也就一半句话，甘露活了枯芽”。我的生命顿时豁裂成一朵奇异的愿望的花。“生命是悠久的”，但花开只是朝露与晚霞间的一段插话。殷勤是夕阳的顾盼，为花事的荣悴关心。可怜这心头的一撮土，更有谁来凭吊？“你的烦恼我全知道，虽则你从不曾向我说破；你的忧愁我全明白，为你我也时常难受。”清丽的晨风，吹醒了大地的荣华！“你耐着吧，美不过这半绽的蓓蕾。”“我去了，你不必悲伤，珍重这一卷诗心，光彩常留在星月间。”她去了！光彩常在星月间。

陌生的朋友，你不嫌我话说得晦塞吧。我想你懂得。你一定懂。月光染白了我的发丝，这枯槁的形容正配与墓墟中人作伴；它也仿佛为我照出你长眠的宁静……那不是我那她的眉目？迷离的月影，你何妨为我认真来刻画个灵通？她的眉目；我如何能遗忘你那永诀时的神情！竟许就那一度，在生死的边沿，你容许我怀抱你那生命的本真；在生死的边沿你容许我亲吻你那性灵的奥隐，在生死的边沿，你容许我哺啜你那妙眼的神辉。那眼，那眼！爱的纯粹的精灵迸裂在神异的刹那间！你去了，但你是永远留着。从你的死，我才初次会悟到生。会悟到生死间一种幽玄的丝缕。世界是黑暗的，但我却永久存储着你的不死的灵光。

廉枫抬头望着月。月也望着他。青空添深了沉默。城墙外仿佛有一声鸦啼，像是裂帛，像是鬼啸。墙边一枝树上抛下了一捧雪，亮得辉眼。这还是人间吗？她为什么不来，像那年在山中的一夜？

“我送别她归去，与她在此分离，

在青草里飘拂，她的洁白的裙衣。“

诡异的人生！什么古怪的梦！希望在你擎上手掌估计分量时，已经从你的手指间消失，像是发珠光的青汞。什么都得变成灰，飞散，飞散，飞散……我不能不羡慕你的安逸，缄默的墓中人！我心头还有火在烧，我怀着我的宝；永没有人能探得我的痛苦的根源，永没有人知晓，到那天我也得瞑目时，我把我的宝还交给上帝：除了他更有谁能赐与，能承受这生命的生命？我是幸福的！你不羡慕我吗，朋友？

我是幸福，因为我爱，因为我有爱。多伟大，多充实的一个字！提着它胸肋间就透着热，放着光，滋生着力量。多谢你的同情的倾听。长眠的朋友，这光阴在我是希有的奢华。这又是北京的清静的一隅。在凉月下，在荒城边，在银霜满树时。但北京——廉枫眼前又扯亮着那狞恶的前门。像一个脑袋，像一个骷髅。丧事人家的鼓乐。北海的芦苇。荣叶能不死吗？在晚照的金黄中，有孤鹜在冰面上飞。销沈，销沈。更有谁眷念西山的紫气？她是死了——一堆灰。北京也快死了——准备一个钵盂，到枯木林中去安排它的葬事。有什么可说的？再会吧，朋友，还有什么可说的？

他正想站起身走，一回头见进门那路上仿佛又来了一个人影。肥黑的一团在雪地上移着，迟迟的移着，向着他的一边来。有树拦着，认不真是什么，是人吗？怪了，这是谁？在这大凉夜还有与我同志的吗？为什么不，就许你吗？可真是有些怪，它又不动了，那黑影子绞和着一棵树影，像一个大包袱。不能是鬼吧。为什么发噤，怕什么的？是人，许是又一个伤心人，是鬼，也说不定它别有怀抱。竟许是个女子，谁知道！在凉月下，在荒冢间，在银霜满地时。它伛偻着身子哪，像是捡什么东西。不能是个化子——化子化不到墓园里来。唷，它转过来了！

它过来了，那一团的黑影。走近了。站定了，他也望着坐在坟墩上的那个发愣哪。是人，还是鬼，这月光下的一堆？他也在想。“谁？”粗糙的，沉浊的口音。廉枫站起了身，哈着一双冻手。“是我，你是谁？”他是一个矮老头儿，屈着肩背，手插在他的一件破旧制服的破袋里。“我是这儿看门的。”他也走到了月光下。活像《哈姆雷德》[1]里一个掘坟的，廉枫觉得有趣，比一个妙年女子，不论是鬼是人，都更有趣。“先生，你什么时候进来的？我哼是睡着了，那门没有关严吗？”“我进来半天了。”“不凉吗您坐在这石头上？”“就你一个人看着门的？”“除了我这样的苦小老儿，谁肯来当这苦差？”“你来有几年了？”“我怎么知道有几年了！反正老佛爷没有死，我早就来了。这该有不少年份了吧，先生？我是一个在旗吃粮的，

1 《哈姆雷德》，今译《哈姆雷特》，莎士比亚悲剧作品。

您不看我的衣服？”“这儿常有人来不？”“倒是有。除了洋人拿花来上坟的，还有学生也有来的，多半是一男一女的。天凉了就少有来的了。你不也是学生吗？”他斜着一双老眼打量廉枫的衣服。“你一个人看着这么多的洋鬼不害怕？”老头他乐了。这话问得多幼稚，准是个学生，年纪不大。“害怕？人老了，人穷了，还怕什么的！再说我这还不是靠鬼吃一口饭吗？靠鬼，先生！”“你有家不，老头儿！”“早就死完了。死干净了。”“你自己怕死不，老头儿？”老头又乐了。“先生，您又来了！人穷了，人老了，还怕死吗？你们年轻人爱玩儿，爱乐，活着有意思，咱们哪说得上？”他在口袋里掏出一块黑绢子擤着他的冻鼻子。这声音听大了。城圈里又有回音，这来坟场上倒添了不少生气。那边树上有几只老鸦也给惊醒了，亮着他们半冻的翅膀。“老头，你想是生长在北京的吧？”“一辈子就没有离开过。”“那你爱不爱北京？”老头简直想咧个大嘴笑。这学生问的话多可乐！爱不爱北京？人穷了，人老了，有什么爱不爱的？“我说给您听听吧，”他有话说。

“就在这儿东城根，多的是穷人，苦人。推土车的，推水车的，住闲的，残废的，全跟我一模一样的，生长在这城圈子里，一辈子没有离开过。一年就比一年苦，大米一年比一年贵。土堆里煤渣多捡不着多少。谁生得起火？有几顿吃得饱的？夏天还可对付，冬天可不能含糊。冻了更饿，饿了更冻。又不能吃土。就这几天天下大雪，好，狗都瘪了不少！”老头又擤了擤鼻子。“听说有钱的人都搬走了，往南，往东南，发财的，升官的，全去了。穷人苦人哪走得了？有钱人走了他们更苦了，一口冷饭都讨不着。北京就像个死城，没有气了，您知道！哪年也没有本年的冷清。您听听，什么声音都没有，狗都不叫了！前儿个我还见着一家子夫妻俩带着三个孩子饿急了，又不能做贼，就商量商量借把刀子破肚子见阎王爷去。可怜着哪，那男的一刀子捅了他媳妇的肚子，肠子漏了，血直冒，算完了一个，等他抹回头拿刀子对自个儿的肚子撩，您说怎么了，那女的眼还睁着没有死透，眼看着她丈夫拿刀扎自己，一急就拼着她那血身体向刀口直推，您说怎么了，她那手正冲着刀锋，快着哪，一只手，四根手指，就让白萝卜似的给劈了下来，脆着哪！那男的一看这神儿，一心痛就痛偏了心，掷了刀回身就往外跑，满口疯嚷嚷的喊救命，这一跑谁知他往哪儿去了，昨儿个盔甲厂派出所的巡警说起这件事都撑不住淌眼泪哪。同是人不是，人总是一条心，这苦年头谁受得了？苦人倒是爱面子，又不能偷人家的。真急了就吊，不吊就往水里淹，大雪天河沟冻了淹不了，就借把刀子抹脖子拉肚肠根。是穷末，有什么说的？好，话说回来了，您问我爱不爱北京。人穷了，人苦了，还有什么路走？爱什么！活不了，就得爱死！我不说北京就像个死城吗？我说它简直死定了！我还掏了二十个大子给那一家三小子买窝窝头吃。才可怜哪！好，爱不爱北京？北京就是这死定了，先生！还有什么说的？”

◎ 北京美观 唐纳德·曼尼 摄

廉枫出了坟园低着头走，在月光下走了三四条老长的胡同才雇到一辆车。车往西北正顶着刀尖似的凉风。他裹紧了大衣，烤着自己的呼吸，心里什么念头都给冻僵了。有时他睁眼望望一街阴惨的街灯，又看看那上年纪的车夫在滑溜的雪道上顶着风一步一步的挨，他几回都想叫他停下来自己下去让他坐上车拉他，但总是说不出口。半圆的月在雪道上亮着它的银光。夜深了。

关于女子

——苏州女中讲稿

苏州！谁能想象第二个地名有同样清脆的声音，能唤起同样美丽的联想，除是南欧的威尼市或翡冷翠，那是远在异邦，要不然我们就得追想到六朝时代的金陵广陵或许可以仿佛？当然不是杭州，虽则苏杭是常常联着说到的；杭州即使有几分美秀，不幸都教山水给占了去，更不幸就那一点儿也成了问题：你们不听说雷峰塔已经教什么国术大力士给打个粉碎，西湖的一汪水也教大什么会的电灯给照干了吗？不，不是杭州；说到杭州我们不由的觉得舌尖上有些儿发锈。所以只剩了一个苏州准许我们放胆的说出口，放心的拿上手。比是乐器中的笙箫，有的是袅袅的余韵。比是青青的柏子，有的是沁人心脾的留香。在这里，不比别的地处，人与地，是相对无愧的；是交相辉映的；寒山寺的钟声与吴侬的软语一般的令人神往；虎丘的衰草与玄妙观的香烟同样的勾人留恋。

但是苏州——说也惭愧，我这还是第二次到，初次来时只匆匆的过了一宵，带走的只有采芝斋的几罐糖果和一些模糊的印象。就这次来也不得容易。要不是陈淑先生相请的殷勤。——聪明的陈淑先生，她知道一个诗人的软弱，她来信只淡淡的说你再不来时天平山经霜的枫叶都要凋谢了——要不是她的相请的殷勤，我说，我真不知道几时才得偷闲到此地来，虽则我这半年来因为往返沪宁间每星期得经过两次，每星期都得感到可望而不可即的惆怅。为再到苏州来我得感谢她。但陈先生的来信却不单单提到天平山的霜枫，她的下文是我这半月来的忧愁：她要我来说话——到苏州来向女同学们说话！我如何能不忧愁？当然不是愁见诸位同学，我愁的是我现在这相儿，一个人孤伶伶的站在台上说话！我们这坐惯冷板凳日常说废话的所谓教授们最厌烦的，不瞒诸位说，这是我们自己这无可奈何的职务——说话（我再不敢说讲演，那样粗蠢的字样在苏州地方是说不出口的）。

就说谈话吧，再让一步，说随便谈话吧，我不能想象更使人窘的事情！要你说话，可不指定要你说什么，“随便说些什么都行”，那天陈先生在电话里说。你拿艳丽的朝阳给一支芙蓉或是一只百灵，它就对你说一番极美丽动听的话，即使它说过了你冒失的恭维它说你这“讲演”真不错，它也不会生气，也不会惭愧，但不幸我不是芙蓉更不是百灵。我们乡里有一句俗话说宁愿听苏州人吵架，不愿听杭州人谈话。我的家乡又不幸是在浙江，距着杭州近，离着苏州远的地处。随便说话，随你说什么，果然我依了陈先生扯上我的乡谈，恐怕要不到三分钟你们都得想念你们房间里备着的八卦丹或是别的止头痛的药片了！

但陈先生非得逼我到，逼我献丑，写了信不够，还亲自到上海来邀。我不能不答应来。“但是我去说些什么呢，苏州，又是女同学们？”那天我放下陈先生的电话心头就开始踌躇。不要忙，我自己安慰自己说，在上海不得空闲，到南京去有一个下午可以想一想。那天在车上倒是有福气看到镇江以西，尤其是栖霞山一带的雪叶。虽则那早上是雾茫茫的，但雪总是好东西，它盖住地面的不平和丑陋，它也拓开你心头更清凉的境界，山变了银山，树成了玉树，窗以外是彻骨的凉，彻骨的静，不见一个生物，鸟雀们不知藏躲在哪里，雪花密团团的在半空里转。栖霞那一带的大石狮子，雄踞在草亩里张着大口向着天的怪东西，在雪地里更显得白，更显得壮，更见得精神。在那边相近还有一座塔，建筑雕刻，都是第一流的美术，最使人想见六朝的风流，六朝的闲暇。在那时政治上没有统一的野心家，江以南，江以北，各自成家，汉也有，胡也有，各造各的文化。且不说龙门，且不说云冈，就这栖霞的一些遗迹，就这雄踞在草亩里的大石狮，已够使我们想见当时生活的从容，气魄的伟大，情绪的俊秀。

我们在现代感到的只是局促与匆忙。我们真是忙，谁都是忙。忙到倦，忙到厌。但忙的是什么？为什么忙？我们的子孙在一千年后，如其我们的民族再活得到一千年，回看我们的时代，他们能不能了解我们的匆忙？我们有什么东西遗留给他们可以使他们骄傲，宝贵，值得他们保存，证见我们的存在，认识我们的价值，可以使他们永久停留他们爱慕的纪念——如同那一只雄踞在草亩里的大石狮？我们的诗人文人贡献了些什么伟大的诗篇与文章？我们的建筑与雕刻，且不说别的，有哪样可以留存到一百年乃至十年五年而还值得一看的？我们的画家怎样描写宇宙的神奇？我们哪一个音乐家是在解释我们民族的性灵的奥妙？但这时候我眼望着的江边的雪地已经戏幕似的变形成为北方赤地几千里的灾区，黄沙天与黄土地的中间只有惨淡的风云，不见人烟的村庄以及这里那里枝条上不留一张枯叶的林木。我也望得见几千万已死的将死的未死的人民，在不可名状的苦难中为造物主的地面上留下永久的羞耻。在他们迟钝的眼光中，他们分明说他们的心脏即使还在跳动他们已经失去感觉乃至知觉的能力，求生或将死的呼号早已逼死在他们枯竭的咽喉里；他们分明说生活、生命，乃至单纯的生存已经到了绝对的绝境，前途只是沙漠似的浩瀚的虚无与寂灭，期待着他们，引诱着他们，如同春光，如同微笑，如同美。我也望见钩结在连环战祸中的区域与民生；为了谁都不明白的高深的主义或什么的相互的屠杀，我也望见那少数的妖魔，踞坐在跸卫森严的魔窟中计较下一幕的布景与情节，为表现他们的贪，他们的毒，他们的野心，他们的威灵，他们手擎着全体民族的命运当作一掷的孤注。我也望见这时代的烦闷毒气似的在半空里没遮拦的往下盖，被牺牲的是无量数春花似的青年。这憧憬中的种种都指点着一个归宿，一个结局——沙漠似的浩瀚的虚无与寂灭，不分疆界永不见光明的死。

我方才不还在眷恋着文化的消沉吗？文化，文化，这呼声在这可怖的憧憬前，正如灾民苦痛的呼声，早已逼死在枯竭的咽喉里，再也透不出声音。但就这无声的叫喊已经在我的周围引起怪异的回响，像是哭，像是笑，像是鸱枭，像是鬼……

但这声响的来源是我坐位邻近一位肥胖的旅伴的雄伟的呵欠。在这呵欠声中消失了我重叠的幻梦似的憧憬，我又见到了窗外的雪，听到车轮的响动。下关的车站已经到了。

我能把我这一路的感想拉杂来充当我去苏州的谈话资料吗，我在从下关进城时心里计较。秀丽的苏州，天真的女同学们，能容受这类荒伧，即使不至怪诞的思想吗？她们许因为我是教文学的想从我听一些文学掌故或文学常识。但教书是无可奈何，我最厌烦的是说本行话。他们又许因为我曾经写过一些诗是在期望一个诗人的谈话，那就得满缀着明月和明星的光彩，透着鲜花与鲜草的馨香，要不然她们竟许期待着雪莱的云雀或是济慈的夜莺。我的倒像是鸱枭的夜啼，不是太煞尽了风景？这，我又转念，或许是我的过虑，他们等着我去谈话正如他们每月或每星期等着别人去谈话一样，无非想听几句可乐的插科与诙谐，（如其有的话，那算是好的，）一篇，长或是短，勉励或训诲的陈腐（那是你们打呵欠乃至瞌睡的机会），或是关于某项专门知识的讲解（那你们先生们示意你们应得掏出铅笔在小本子上记下的）写了几句自己谦让道歉不曾预备得好的话，在这末尾与他鞠躬下台时你们多少间酬报他一些鼓掌，就算完事一宗，但事实上他讲的话，正如讲的人，不能希望（他自己也不希望）在你们的脑筋里留有仅仅隔夜的印象，某人不是到你们这里来讲过的吗，隔几天许有人问。嗄，不错是有的，他讲些什么了？谁知道他讲什么来了，我一句也没有听进去，不是你提起，我忘都忘了我听过他讲哪！

这是一班到处应酬讲演人的下场头。他们事实上也只配得这样的下场头。穷、窘、枯、干，同学们，是现代人们的生活。干、枯、窘、穷，同学们，是现代人们的思想。不要把，占有名气或地位的人们看太高了，他们的苦衷只有他们上年纪的人自家得知，这年头的荒歉是一般的。

也不知怎的我想起来说些关于女子的杂话。不是女子问题。我不懂得科学，没有方法来解剖“女子”这个不可思议的现象。我也不是一个社会学家，搬弄着一套现成的名词来清理恋爱，改良婚姻或家庭。我也没有一个道学家的权威，来督责女子们去做良妻贤母，或奖励她们去做不良的妻不贤的母。我没有任何解决或解答的能力。我自己所知道的只是我的意识的流动，就那个我也没有支配的力量。就比是隔着雨雾望远山的景物，你只能辨认一个大概。也不知是哪里来的光照亮了我意识的一角，给我一个辨认的机会，我的困难是在想用粗笨的语言来传达原来极微纤的印象，像是想用粗笨的铁针来绣描细致的图案。我今天所要查考的，所以，不是女子，更不是什么女子问题，而是我自己的意识的一个片段。

我说也不知怎的我的思想转上了关于女子的一路。最显浅的原由，我想，当然是为我到一个女子学校里来说话。但此外也还有别的给我暗示的机会。有一天我在一家书店门首见着某某女士的一本新书的广告，书名是《蠹鱼生活》。这倒是新鲜，我想，这年头有甘心做书虫的女子。三百年来女子中多的是良妻贤母，多的是诗人词人，但出名的书虫不就是一位郝夫人王照圆女士吗？这是一件事，再有是我看到一篇文章，英国一位名小说家做的，她说妇女们想从事著述至少得有两个条件：一是她得有她自己的一间屋子，这她随时有关上或锁上的自由；二是她得有五百一年（那合华银有六千元）的进益。她说的是外国情形，当然和我们的相差得远，但原则还不一样是相通的？你们或许要说外国女人当然比我们强，我们怎好跟她们比；她们的环境要比我们的好多少，她们的自由要比我们的大多少；好，外国女人，先让我们的男人比上了外国的男人再说女人吧！

可是你们先别气馁，你们来听听外国女人的苦处。在

Queen Anne[1]的时候，不说更早，那就是我们清朝乾隆的时候，有天才的贵族女子们（平民更不必说了）实在忍不住写下了些诗文就许往抽屉里堆着给蛀虫们享受，哪敢拿著作公开给庄严伟大的男子们看，那不让他们笑掉了牙。男人是女人的"反对党"（The Oppose faction），Lady Winchilsea[2]说。趁早，女人，谁敢卖弄谁活该遭殃，才学哪是你们的分！一个女人拿起笔就像是在做贼，谁受得了男人们的讥笑。别看英国人开通，他们中间多的是写《妇学篇》的章实斋。倒是章先生那板起道学面孔公然反对女人弄笔墨还好受些。他们的蒲伯，他们的John Gray[3]，他们管爱文学有才情的女人叫做"蓝袜子"，说她们放着家务不管，"痒痒的就爱乱涂"（Margaret of Newcastle[4]）。另一位才学的女子，也愤愤的说"女人像蝙蝠或猫头鹰似的活着，牲口似的工作，虫子似的死……"且不说男人的态度，女性自己的谦卑也是可以的。Dorothy Osburne[5]那位清丽的书翰家一写到那位有文才的爵夫人就生气，她说，"那可怜的女人准是有点儿偏心的，她什么傻事不做到来写什么书，又况是诗，那不太可笑了，要是我就算我半个月不睡觉我也到不了那个。"奥

1 Queen Anne，安妮女王，英国女王。

2 Lady Winchilsea，温切尔西娅夫人。

3 John Gray，格雷，英国诗人。

4 Margaret of Newcastle，纽卡斯尔的玛格丽特

5 Dorothy Osburne，奥斯本，徐志摩译奥斯朋，英国政治家和外交家坦普尔爵士的妻子。

斯朋自己可没有想到自己的书翰在千百年后还有人当作宝贵的文学作品念着，反比那“有点儿偏心胆敢写书的女人”风头出得更大，更久！

再说近一点，一百年前英国出一位女小说家，她的地位，有一个批评家说，是离着莎士比亚不远的Jane Austen[1]——她的环境也不见得比你们的强。实际上她更不如我们现代的女子。再说她也没有一间她自己可以开关的屋子，也没有每年多少固定的收入。她从不出门，也见不到什么有学问的人；她是一位在家里养老的姑娘，看到有限几本书，每天就在一间永远不得清静的公共起坐间里装作写信似的起草她的不朽的作品。“女人从没有半个钟头”，Florence Nightingale[2]说，“女人从没有半个钟头可以说是她们自己的”。再说近一点，白龙德（Brontë）[3]姊妹们，也何尝有什么安逸的生活。在乡间，在一个牧师家里，她们生，她们长，她们死。她们至多站在露台上望望野景，在雾茫茫的天边幻想大千世界的形形色色，幻想她们无颜色无波浪的生活中所不能的经验。要不是她们卓绝的天才，蓬勃的热情与超越的想象，逼着她们不得不写，她们也无非是三个平常的乡间女子，郁死在无欢的家里，有谁想得到她们——

1 Jane Austen，简·奥斯汀，英国小说家。

2 Florence Nightingale，南丁格尔，英国女护士，近代护理学和护士教育的创始人。

3 白龙德（Brontë），今译勃郎特。

◎ 简·奥斯汀像

光明的十九世纪于她们有什么相干，她们得到了些什么好处？

说起来还是我们的情形比他们的见强哪。清朝的大文人王渔洋、袁子才、毕秋帆、陈碧城都是提倡妇女文学最大的功臣。要不是他们几位间接与直接的女弟子的贡献，清朝一代的妇女文学还有什么可述的？要不是他们那时对于女子做诗文做学问的铺张扬厉，我们那位文史通义先生也不至于破口大骂自失身份到这样可笑的地步。他在《妇学》里面说：

近有无耻文人，以风流自命，蛊惑士女，大率以优伶杂剧所演才子佳人惑人。长江以南名门大家闺阁，多为所诱，征诗刻稿，标榜声名，无复男女之嫌，殆忘其身之雌矣。此等闺娃，妇学不修，岂有真才可取，而为邪人播弄，浸成风俗，人心世道，大可忧也。

章先生要是活到今天看见女子上学堂，甚至和男子同学，上衙门公司店铺工作和男子同事，进这个那个的党和男子同志，还不把他老人家活活的给气瘪了！

所以你们得记得就在英国，女权最发达的一个民族，女子的解放，不论哪一方面，都还是近时的事情。女子教育算不上一百年的历史。女子的财产权是五十年来才有法律保障的。女子的政治权还不到十年。但这百年来女性方面的努力与成绩不能不说是惊人的。在百年以前的人类的文化可说完全是男性的成绩，女性即使有贡献是极有限的或至多是间接的，女子中当然也不少奇才异能，历史上不少出名的女子，尤其是文艺方面。希腊的沙浮至今还是个奇迹。中世纪的Hypatia[1]，Heloise[2]是无可比的。英国的依利萨伯[3]，唐朝的武则天，她们的雄才大略，哪一个男子敢不低头？十八世纪法国的沙龙夫人们是多少

1 Hypatia，希帕蒂亚，亚历山城新柏拉图主义哲学学派领袖和历史上第一位著名的数学家，并以口才、美丽著称。

2 Heloise，埃洛伊兹，法兰克福女隐修院院长、神学家和哲学家阿伯拉尔之妻。

3 依利萨伯，今译伊丽莎白。

天才和名著的保姆。在中国，我们只要记起曹大家的汉书，苏若兰的回文，徐淑、蔡文姬、左九嫔的词藻，武曌的升仙太子碑，李若兰、鱼玄机的诗，李清照、朱淑真的词，明文氏的九骚——哪一个不是照耀百世的奇才异禀。

这固然是，但就人类更宽更大的活动方面看，女性有什么可以自傲的？有女莎士比亚女司马迁吗？有女牛顿女培根吗？有女柏拉图女但丁吗？就说到狭义的文艺，女性的成绩比到男性的还不是培塿比到泰山吗？你怪得男性傲慢，女性气馁吗？

在英国乃至在全欧洲，奥斯丁以前可以说女性没有一个成家的作者。从依利萨伯到法国革命查考得到的女子作品只是小诗与故事。就中国论，清朝一代相近三百年间的女作家，按新近钱单夫人的《清闺秀艺文略》看，可查考的有二千三百十二人之多，但这数目，按胡适之先生的统计，只有百分之一的作品是关于学问，例如考据历史、算学、医术，就那也说不上有什么重要的贡献，此外百分之九十九都是诗词一类的文学，而且妙的地方是这些诗集诗卷的题名，除了风花雪月一类的风雅，都是带着虚心道歉的意味，仿佛她们都不敢自信女子有公然著作成书的特权似的，都得声明这是她们正业以外的闲情，本算不上什么似的，因之不是绣余，就是爨余，不是红余，就是针余，不是脂余梭余，就是织余绮余（陈圆圆的职业特别些，她的词集叫《舞余词》），要不然就是焚余烬余未焚未烧未定一类的通套，再不然就是断肠泪稿一流的悲苦字样（除了秋瑾的口气那是不同些)。情形是如此，你怪得男性的自美，女性的气短吗？

但这文化史上女性远不如男性的情形自有种种的解释，自然的趋势，男性当然不能借此来证明女子的能力根本不如男子，女性也不能完成推托到男性有意的压迫。谁要奇怪女性的迟缓，要问何以女权论要等到玛丽乌尔夫顿克辣夫德[1]方有具体的陈词，只须记得人权论本身也要到相差不远的日子才出世。人的思想的能力是奇怪的，有时他连窜带跳的在短时期内发现了很多，例如希腊黄金时代与近一百五十年来的欧洲，有时睡梦迷糊的在长时期一无新鲜，例如欧洲的中世纪或中国的明代。它不动的时候就像是冬天，一切都是静定的无生气的，就像是生命再不会回来，但它一动的时候那就比是春雷的一震，转眼间就是蓬勃绚烂的春时。在欧洲从亚理斯多德[2]直到卢梭乃至叔本华，没有一个思想家不承认男女的不平等是当然的，绝对不值得并且也无从研究的；即使偶有几个天才不容自掩的女子，在中国我们叫作才女，那还是客气的，如同叫长花毛的鸭作锦鸡，在欧洲百年前叫做蓝袜子，那就不免有嘲笑的

---

1 玛丽乌尔夫顿克辣夫德，今译玛丽·沃尔斯顿克拉夫特，以所著《女权论》闻名。她是英国政治家威廉·葛德文的妻子，在生育时因患血中毒症死亡。

2 亚理斯多德，今译亚里士多德，古代先哲，古希腊人，世界古代史上伟大的哲学家、科学家和教育家之一。

意思。但自从约翰弥勒[1]纯正通达论妇女论的大文出世以来，在理论上所有女性不如男性或是女性不能和男性享受平等机会以及共同负责文化社会的生存与进步的种种谬见、偏见与迷信都一齐从此失去了根据，在事实上在这百年来女性自强的努力也已经显明的证明，女性只要有同等的机会不论在哪样事情上都不能比男性不如；人类的前途展开了一个伟大的新的希望，就是此后文化的发展是两性共同的企业，不再是以前似的单性的活动。在这百年来虽则在别的方面人类依然不免继续他们的谬误、愚蠢、固执、迷信，但这百余年是可纪念的因为这至少是一个女性开始光荣的世纪。在政治上，在社会上，在法律与道德上，在理论方面，至少女性已经争得与男性完全平等的地位。在事实上，女子的职业一天增多一天，我们现在不易想象一种职业男性可以胜任而女性不能的——也许除了实际的上战场去打仗，但这项职业我们都希望将来有完全淘汰的一天，我们决不希望温柔的女性在任何情形下转变成善斗杀的凶恶。文学与艺术不用说，女子是早就占有地位的，但近百年来的扩大也是够惊人的。诗人就说白郎宁夫人、罗刹蒂小姐[2]、梅耐儿夫人三个名字已经是够辉煌的。小说更不用说，英美的出版界已有女作家超过男作家的趋势，在品质方面一如数量。George

1 约翰弥勒，今译约翰·穆勒，英国哲学家

2 罗刹蒂小姐，即克里斯蒂娜·罗赛蒂，英国女诗人。画家、诗人罗赛蒂的妹妹。

Eliot[1], George Sand[2], BrontëSisters[3]，近时如曼殊斐儿、薇金娜吴尔夫[4]等等都是卓然成家为文学史上增加光彩的作者。演剧方面如沙拉贝娜[5], Duse[6], Ellen Terry[7]，都是人类永久不可磨灭的记忆。论跳舞，女子的贡献更分明的超过男子，我们不能想象一个男性的Isadora Duncan[8]。音乐、画、雕刻，女子的出人头地的也在天天的加多，科学与哲学，向来是男性的专业，但跟着教育的发展女子的贡献也在日渐的继长增高。你们只须记起Madame Curie[9]就可以无愧。讲到学问，现在有哪一门女子提不起来的。

但这情形，就按最先进几国说，至多也不过一百年来的事，然而成绩已有如此的可观。再过了两千年，我想，男子多半再不敢对女子表示性的傲慢。将来的女子自会有她们的莎士比亚、培根、亚理士多德、卢梭，正如她们在帝王中有过依利萨伯、武则天，在诗人中有过白郎宁、罗刹蒂，在小说家中有过奥斯丁与白龙德姊妹。我们虽则不敢预言女性竟可以有完全

---

1 George Eliot，乔治·艾略特，英国女作家。

2 George Sand，乔治·桑，法国女小说家。

3 BrontëSisters，勃朗特姐妹。

4 薇金娜吴尔夫，今译弗吉尼亚·伍尔夫，英国女作家。

5 不详。

6 Duse，杜丝，意大利女戏剧演员。

7 Ellen Terry，今译爱伦·泰丽，英国女演员。

8 Isadora Duncan，今译伊莎多拉·邓肯，美国女舞蹈家，现代舞派创始人。

9 Madame Curie，即居里夫人，法国物理学家、化学家。

◎ 读小说的人 荷兰 梵高

超越男性的一天，但我们很可以放心的相信此后女性对文化的贡献比现在总可以超过无量倍数，倒男子要担心到他的权威有摇动的危险的一天。

但这当然是说得很远的话。按目前情形，尤其是中国的，我们一方面固然感到女子在学问事业日渐进步的兴奋与快慰，但同时我们也深刻的感觉到种种阻碍的势力，还是很活动的在着。我们在东方几乎事事是落后的，尤其是女子，因为历史长，所以习惯深，习惯深所以解放更觉费力。不说别的，中国女子先就忍就了几千年身体方面绝无理性可说的束缚，所以人家的解放是从思想作起点，我们先得从身体解放起。我们的脚还是昨天放开的，我们的胸还是正在开放中。事实上固然这一代的青年已经不至感受身体方面的束缚，但不幸长时期的压迫或束缚是要影响到血液与神经的组织的本体的。即如说脚，你们现有的固然是极秀美的天足，但你们的血液与纤维中，难免还留着几十代缠足的鬼影。又如你们的胸部虽已在解放中，但我知道有的年轻姑娘们还不免感到这解放是一种可羞的不便。所以单说身体，恐怕也得至少到你们的再下去三四代才能完全实现解放，恢复自然发长的愉快与美。身体方面已然如此，别的更不用说了。再说一个女子当然还不免做妻做母，单就生产一件事说，男性就可以无忌惮的对女性说“这你总逃不了，总不能叫我来替代你吧”！事实上的确有无数本来在学问或事业上已经走上路的女子，为了做妻做母的不可避免临了只能自愿或不自愿的牺牲光荣的成就的希望。这层的阻碍说要能完全去除，当然是不可能，但按现今种种的发明与社会组织与制度逐渐趋向合理的情形看，我们很可以设想这天然阻碍的不方便性消解到最低限度的一天。有了节育的方法，比如说，你就不必有生育，除了你自愿，如此一个女子很容易在她几十年的生活中匀出几个短期间来尽她对人类的责任。还有将来家庭的组织也一定与现在的不同，趋势是在去除种种不必要精力的消耗（如同美国就有新法的合作家庭，女子管家的担负不定比男子的重，彼此一样可以进行各人的事业）。所以问题倒不在这方面。成问题的是女子心理上母性的牢不可破，那与男子的父性是相差得太远了。我来举一个例。近代最有名的跳舞家Isadora Duncan在她的自传里说她初次生产时的心理，我觉得她说得非常的真。在初怀孕时她觉得处处的不方便，她本是把她的艺术——舞——看得比她的生命都更重要的，她觉得这生产的牺牲是太无谓了。尤其是在生产时感到极度的痛苦时（她的是难产），她是恨极了上帝叫女人担负这惨毒的义务；她差一点死了。但等到她的孩子一下地，等到看护把一个稀小的喷香的小东西偎到她身旁去吃奶时，她的快乐，她的感激，她的兴奋，她的母爱的激发，她说，简直是不可名状。在那时间她觉得生命的神奇与意义——这无上的创造——是绝对盖倒一切的，这一相比她原来看作比生命更重要的艺术顿时显得又小又浅，几于是无所谓的了。在那时间把性的意识完全盖没了后天的艺术家的意识。上帝得了胜了！这，我说，才真是成问题，倒不在事实上三两个月的身体的不便。这根蒂深而力道强的母性当然是人生的神秘与美的一个重要成分，但它多少总不免阻碍女子个人事业的进展。

所以按理论说男女的机会是实在不易说成完全平等的，天生不是一个样子。你有什么办法？但我们也只能说到此因为在一个女子，母的人格，母性的实现，按理是不应得与她个人的人格、个性的实现相冲突的。除了在不合理的或迷信打底的社会组织里，一个女子做了妻母再不能兼顾别的，她尽可以同时兼顾两种以上的资格，正如一个男子的父性并不妨害他的个性。就说Duncan，她不能不说是一个母性特强（因为情感富强）的一个女子，但她事实上并不曾为恋爱与生育而至放弃她的艺术的追求。她一样完成了她的艺术。此外做女子的不方便当然比男子的多，但那些都是比较不重要的。

我们国内的新女子是在一天天可辨认的长成，从数千年来有形与无形的束缚与压迫中渐次透出性灵与身体的美与力，像一支在箨裹中透露着的新笋。有形的阻碍，虽则多，虽则强有力，还是比较容易克除的，无形的阻碍，心理上，意识与潜意识的阻碍，倒反需要更长时间与努力方有解脱的可能。分析的说，现社会的种种都还是不适宜于我们新女子的长成的。我再说一个例，比如演戏，你认识戏的重要，知道它的力量。你也知道你有舞台表演的天赋。那为你自己，为社会，你就得上舞台演戏去不是？这时候你就逢到了阻力。积极的或许你家庭的守旧与固执。消极的或许你觅不到相当的同志与机会。这些就算都让你过去，你现在到了另一个难关。有一个戏非你充不可，比如说，那碰巧是个坏人，那是说按人事上习惯的评判，在表现艺术上是没有这种区分的，艺术须要你做，但你开始踌躇了。说一个实例，新近南国社演的《沙乐美》，那不是一个贞女，也不是一个节妇。有一位俞女士，她是名门世家的一位小姐，去担任主角。她只知道她当前表现的责任。事实上她居然排除了不少的阻难而登台演那戏了。有一晚她正演到要热慕的叫着“约翰我要亲你的嘴”，她瞥见她的母亲坐在池子里前排瞪着怒眼望着她，她顿时萎了，原来有热有力的音声与诗句几于嗫嚅的勉强说过了算完事。她觉得她再也鼓不住她为艺术的一往的勇气，在她母亲怒目的一视中，艺术家的她又萎成了名门世家事事依傍着爱母的小姐——艺术失败了！习惯胜利了！

所以我说这类无形的阻碍力量有时更比有形的大。方才说的无非是现成的一个例。在今日一个女子向前走一个步都得有极大的决心和用力，要不然你非但不上前，你难说还向后退——根性、习惯、环境的势力，种种都牵掣着你，阻拦着你。但你们各个人的成就或败于未来完全性的新女子的实现都有关系。你多用一分力，多打破一个阻碍，你就多帮助一分，多便利一分新女子的产生。简单说，新女子与旧女子的不同是一个程度，不定是种类的不同。要做一个新女子，做一个艺术家或事业家，要充分发展你的天赋，实现你的个性，你并没有必要不做你父母的好女儿，你丈夫的好妻子，或是你儿女的好母亲——这并不一定相冲突的（我说不一定因为在这发轫时期难免有各种牺牲的必要，那全在你自己判清了利弊来下决断）。分别是在旧观念是要求你做一个扁人，纸剪似的没有厚度没有血脉流通的活性，新观念是要你做一个真的活人，有血有气有肌肉有生命有完全性的！这有完全性要紧——的一个个人。这分别是够大的，虽则话听来不出奇。旧观念叫你准备做妻做母，新观念并不不叫你准备做妻做母，但在此外先要你准备做人，做你自己。从这个观点出发，别的事情当然都换了透视。我看古代留传下来的女作家有一个有趣味的现象。她们多半会写诗，就是说拿她们的心思写成可诵的文句。按传说说，至少一个女子的文才多半是有一种防身作用，比如现在上海有钱人穿的铁马甲。从《周南》的蔡人妻作的“芣莒三章”，《召南》申人女“行露三章”《卫》共姜“柏舟诗”，《陈风》“墓门”，陶婴“黄鹄歌”，宋韩凭妻“南山有乌”句，乃至罗敷女“陌上桑”，都是全凭编了几句诗歌，而得幸免男性的侵凌的。还有卓文君写了“白头吟”，司马相如即不娶姨太太，苏若兰制了回文诗，扶风窦滔也就送掉他的宠妾。唐朝有几个宫妃在红叶上题了诗从御沟里放流出外因而得到夫婿的（“一入深宫里，无由得见春。题诗花叶上，寄与接流人”）。此外更有多少女子作品不是慕就是怨。如是看来文学之于古代妇女多少都是于她们婚姻问题发生密切关系的。这本来是，有人或许说，就现在女子念书的还不是都为写情书的准备，许多人家把女孩送进学校的意思还不无非是为了抬高她在婚姻市场上的卖价？这类情形当然应得书篇似的翻阅过去，如其我们盼望新女子及早可以出世。

这态度与目标的转变是重要的。旧女子的弄文墨多少是一种不必要的装饰；新女子的求学问应分是一种发现个性必要

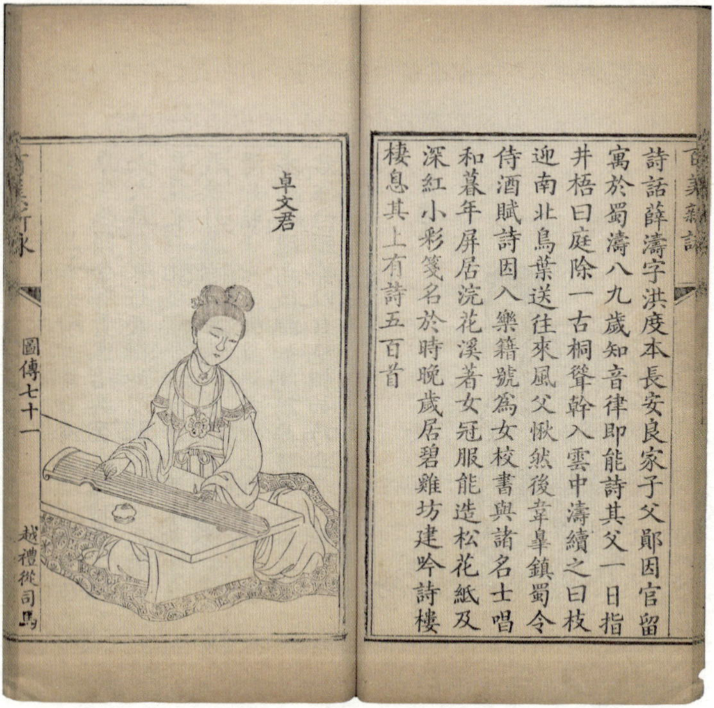

◎ 百美新咏图传 清 颜希源编 王翙绘 集腋轩藏板 清乾隆五十七年刊本 卓文君

的过程。旧女子的写诗词多少是抒写她们私人遭际与偶尔的情感；新女子的志向应分是与男子共同继承并且继续生产人类全部的文化产业。旧女子的字业是承认女子无才便是德的大条件而后红着脸做的事情，因而绣余炊余一流的道歉；新女子的志愿是要为报复那一句促狭的造孽格言而努力给男性一个不容否认的反证。旧女子有才学的理想是李易安的早年的生涯——当然不一定指她的“被翻红浪，起来慵自梳头”一类的艳思——嫁一个风流跌宕一如赵明诚公子的夫婿（“赖有闺房如学舍，一编横放两人看”）过一些风流而兼风雅的日子，新女子——我们当然不能不许她私下期望一个风流的有情郎（“易求无价宝，难得有情郎”），但我们却同时期望她虽则身体与心肠的温柔都给了她的郎，她的天才她的能力却得贡献给社会与人类。

十二月十五日

守旧与“玩”旧

一

走路有两个走法：一个是跟前面人走，信任他是认识路的；一个是走自己的路，相信你自己有能力认识路的。谨慎的人往往太不信任他自己；有胆量的人往往过分信任他自己。为便利计，我们不妨把第一种办法叫作古典派或旧派；第二种办法叫作浪漫派或新派。在文学上，在艺术上，在一般思想上，在一般做人的态度上，我们都可以看出这样一个分别，这两种办法的本身，在我看来，并没有什么好坏；这只是个先天性情上或后天嗜好上的一个区别；你也许夸他自己寻路的有勇气，但同时就有人骂他狂妄；你也许骂跟在人家背后的人寒伧，但同时就有人夸他稳健。应得留神的就只一点：就只那个“信”字是少不得的，古典派或旧派就得相信——完全相信——领他路的那个人是对的，浪漫派或新派就得相信——完全相信——他自己是对的，没有这点子原始的信心，不论你跟人走，或是你自己领自己，走出道理来的机会就不见得多，因为你随时有叫你心里的怀疑打断兴会的可能；并且即使你走着了也不算稀奇，因为那是碰巧，与打中白鸽票的差不多。

二

在思想上抱住古代直下来的几根大柱子的，我们叫作旧派。这手势本身并不怎样的可笑，但我们却盼望他自己确凿的信得过那几条柱子是不会倒的。并且我们不妨进一步假定上代传下来的确有几根靠得住的柱子，随你叫它纲，叫它常，礼或是教，爱什么就什么，但同时因为在事实上有了真的便有假的，那几根真靠得住的柱子的中间就夹着了加倍加倍的幻柱子，不生根的，靠不住的，假的。你要是抱错了柱子，把假的认作真的，结果你就不免伊索寓言里那条笨狗的命运：它把肉骨头在水里的影子认是真的，差一点叫水淹了它的狗命。但就是那狗，虽则笨，虽则可笑，至少还有它诚实的德性：它的确相信那河里的骨头影子是一条真骨头：假如，譬方说，伊索那条狗曾经受过现代文明教育，那就是说学会了骗人上当，明知道水里的不是真骨头，却偏偏装出正经而且大量的样子，示意与它一同站在桥上的狗朋友们，它们碰巧是不受教育的，因此容易上人当，叫它们跳下水去吃肉骨头影子，它自己倒反站在旁边看趣剧作乐，那时我们对它的举动能否拍掌，对它的态度与存心能否容许？

三

寓言是给有想象力并且有天生幽默的人们看的，它内中的比喻是“不伤道”的；在寓言与童话里——我们竟不妨加一句在事实上——就有许多畜生比普通人们——如其我们没有一个时候忘得了人是宇宙的中心与一切的标准——更有道德，更诚实，更有义气，更有趣味，更像人！

四

上面说完了原则，使用了比方，现在要应用了。在应用之先，我得介绍我说这番话的缘由。孤桐[1]在他的《再疏解�义》——甲寅周刊第十七期——里有下面几节文章——

……凡一社会能同维秩序。各长养子孙，利害不同，而游刃有余，贤不肖浑淆而无过不及之大差，雍容演化，即于繁祉，共游一藩，不为天下裂，必有共同信念以为之基，基立而

1　孤桐，即章士钊。

构兴，则相与饮食焉，男女焉，教化焉，事为焉，涂虽万殊，要归于一者也。兹信念者，亦期于有而已，固不必持绝对之念，本逻辑之律，以绳其为善为恶，或衷于理与否也……（圈是原有的也是我要特加的。摩。）

……此诚世道之大忧，而深识怀仁之士所难熟视无睹者也。笃而论之，如耶教者，其鏬陋焉得言无；然天下之大，大抵上智少而中才多，宇宙之谜，既未可以尽明。因葆其不可明者，养人敬畏之心，取使彝伦之叙，乃为忧世者意念之所必至，故神道设教，圣人不得已而为之。固不容于其义理，详加论议也。

……过此以往，稍稍还醇返朴，乃情势之所必然；此为群化消长之常，甲无所谓进化，乙亦无所谓退化，与愚曩举辖义，盖有合焉。夫吾国亦苦社会公同信念之摇落也甚矣，旧者悉毁而新者未生，后生徒恃己意所能判断者，自立准裁，大道之忧，孰甚于是，愚此为惧。论入怀已，趣申本义，昧时之讥，所不敢辞。

五

孤桐这次论的是美国田纳西州新近宣传的那件大案；与他的“轄义有合”的是判决那案件的法官们所代表的态度，就是特举的说，不承认我们人的祖宗与猴子的祖宗是同源的，因为

◎ 章士钊像

圣经上不是这么说，并且这是最污辱人类尊严的一种邪说。关于孤桐先生论这件事的批评，我这里暂且不管，虽则我盼望有人管，因为他那文里叙述兼论断的一段话并不给我他对于任何一造有真切了解的印象。我现在要管的是孤桐在这篇文章里泄露给我们他自己思想的基本态度。

自分是“根器浅薄之流”，我向来不敢对现代“思想界的权威者”的思想存挑战的妄念，《甲寅》记者先生的议论与主张，就我见得到看得懂的说，很多是我不敢苟同的，但我这一晌只是忍着不说话。

同时我对于现代言论界里有孤桐这样一位人物的事实，我到如今为止，认为不仅有趣味，而且值得欢迎的。因为在事实上得着得力的朋友固然不是偶然，寻着相当的敌手也是极难得的机会。前几年的所谓新思潮只是在无抵抗性的空间里流着；

这不是“新人们”的幸运，这应分是他们的悲哀，因为打架大部分的乐趣，认真的说，就在与你相当的对敌切实较量身手的事实里：你揪他的头发，他回揪你的头毛，你腾空再去扼他的咽喉，制他的死命，那才是引起你酣兴的办法；这暴烈的冲突是快乐，假如你的力量都化在无反应性的空气里，那有什么意思？早年国内旧派的思想太没有它的保护人了，太没有战斗的准备，退让得太荒谬了；林琴南只比了一个手势就叫敌营的叫嚣吓了回去。新派的拳头始终不曾打着重实的物件；我个人一时间还猜想旧派竟许永远不会有对垒的能耐。但是不，甲寅周刊出世了，它那势力，至少就销数论，似乎超过了现行任何同性质的期刊物。我对于孤桐一向就存十二分敬意的，虽则明知在思想上他与我——如其我配与他对称这一次——完全是不同道的。这敬仰他因为他是个合格的敌人。在他身上，我常常想，我们至少认识了一个不苟且、负责任的作者，在他的文字里，我们至少看着了旧派思想部分的表现。有组织的根据论辩的表现。有肉有筋有骨的拳头，不再是林琴南一流棉花般的拳头子；在他的思想里，我们看了一个中国传统精神的秉承者，牢牢的抱住几条大纲，几则经义，决心在“邪说横行”的时代里替往古争回一个地盘；在他严刻的批评里新派觉悟了许多一向不曾省察到的虚陷与弱点。不，我们没有权利，没有推托，来蔑视这样一个认真的敌人，我常常这么想，即使我们有时在他卖弄他的整套家数时，看出不少可笑的台步与累赘的空架。

每回我想着了安诺尔德说牛津是“败绩的主义的老家”，我便想象到一轮同样自傲的彩晕围绕在甲寅周刊的头顶；这一比量下来，我们这方倚仗人多的势力倒反吃了一个幽默上的亏输！不，假如我的祈祷有效力时，我第一就希冀《甲寅》周刊所代表的精神“亿万斯年”！

六

因为两极端往往有碰头的可能。在哲学上，最新的唯实主义与最老的唯心主义发现了彼此是紧邻的密切；在文学上，最极端的浪漫派作家往往暗合古典派的模型；在一般思想上，最激进的也往往与最保守的有联合防御的时候。这不是偶然；这里面有深刻的消息。“时代有不同”，诗人勃兰克说，“但天才永远站在时代的上面”。“运动有不同”，英国一个艺术批评家说，“但传统精神是绵延的”。正因为所有思想最后的目的就在发现根本的评价标源，最漫浪（那就是最向个性里来）的心灵的冒险往往只是发现真理的一个新式的方式，虽则它那本质与最旧的方式所包容的不能有可称量的分别。一个时代的特征，虽则有，毕竟是暂时的，浮面的；这只是大海里波浪的动荡，它那渊深的本体是不受影响的；只要你有胆量与力量没透这时代的掀涌的上层你就淹入了静定的传统的底质，要能探险得到这变的底里的不变，那才是攫着了骊龙的颔下珠，那才是勇敢的思想者最后的荣耀，旧派人不离口的那个“道”字，依我浅见，应从这样的讲法，才说得通，说得懂。

七

孤桐这回还是顶谨慎的捧出他的“大道”的字样来作他文章的后镇，“大道之忧，孰甚于是？”但是这回我自认我对于孤桐，不仅他的大道，并且他思想的基本态度，根本的失望了！而且这失望在我是一种深刻的幻灭的苦痛。美丽的安琪儿的腿，这样看来，原来是泥做的！请看下文。

我举发孤桐先生思想上没有基本信念。我再重复我上面引语加圈的几句：“……兹信念者亦期于有而已，固不必持绝对之念，本逻辑之律，以绳其为善为恶，或衷于理与否也。”所有唯心主义或理想主义的力量与灵感就在肯定它那基本信念的绝对性；历史上所有殉道、殉教、殉主义的往例，无非那几个个人在确信他们那信仰的绝对性的真切与热奋中，他们的考量便完全超轶了小己的利益观念，欣欣的为他们各人心目中特定的“恋爱”上十字架，进火焰，登断头台，服毒剂，尝刀锋，假如他们——不论是耶稣，是圣保罗，是贞德、勃罗诺，罗兰夫人，或是甚至苏格腊底斯[1]——假如他们各个人当初曾经有刹

1　苏格腊底斯，今译苏格拉底，古希腊著名的思想家、哲学家、教育家。

那间会悟到孤桐的达观："固不必持绝对之念"：那在他们就等于彻底的怀疑，如何还能有勇气来完成他们各人的使命？

但孤桐已经自认他只是一个"实际政家"，他的职司，用他自己的辞令，是在"操剥复之机，妙调和之用"，这来我们其实"又何能深怪"？上当只是我自己。"我的腿是泥塑的"，安琪儿自己在那里说，本来用不着我们去发现。一个"实际政家"往往就是一个"投机政家"，正因他所见的只是当时与暂时的利害，在他的口里与笔下，一切主义与原则都失却了根本的与绝对的意义与价值，却只是为某种特定作用而姑妄言之的一套，背后本来没有什么思想的诚实，面前也没有什么理想的光彩。"作者手里的题目"，阿诺尔德说，"如其没有贯彻他的，他一定做不好：谁要不能独立的运思，他就不会被一个题目所贯彻。"（Matthew Arnold：Preface to Merope）[1]如今在孤桐的文章里，我们凭良心说，能否寻出些微"贯彻"的痕迹，能否发现些微思想的独立？

八

一个自己没有基本信仰的人，不论他是新是旧，不但没权利充任思想的领袖，并且不能在思想界里占任何的位置；正

1 Matthew Arnold：Preface to Merope，马休·阿诺德：《<梅罗珀>的前言》。

◎ 徐志摩像

因为思想本身是独立的，纯粹性的，不含任何作用的，他那动机，我前面说过，是在重新审定，劈去时代的浮动性，一切评价的标准。与孤桐所谓第二者（即实际政家）之用心："操剥复之机，妙调和之用"，根本没有关连。一个"实际政家"的言论只能当作一个"实际政家"的言论看；他所浮泅的地域，只在时代浮动性的上层！他的维新，如其他是维新，并不是根基于独见的信念，为的只是实际的便利；他的守旧，如其他是守旧，他也不是根基于传统精神的贯彻，为的也只是实际的便利。这样一个人的态度实际上说不上"维"，也说不上"守"，他只是"玩"！一个人的弊病往往是在夸张过分；一个"实际政家"也自有他的地位，自有他言论的领域，他就不该侵入纯粹思想的范围，他尤其不该指着他自己明知是不定靠得住的柱子说“这是靠得住的，你们尽管抱去”，或是——再引喻伊索的狗——明知水里的肉骨头是虚影——因为它自己没有信念——却还怂恿桥上的狗友去跳水，那时它的态度与存心，我想，我们决不能轻易容许了吧！

秋

两年前，在北京，有一次，也是这么一个秋风生动的日子，我把一个人的感想比作落叶，从生命那树上掉下来的叶子。落叶，不错，是衰败和凋零的象征，它的情调几乎是悲哀的。但是那些在半空里飘摇，在街道上颠倒的小树叶儿，也未尝没有它们的妩媚，它们的颜色，它们的意味，在少数有心人看来，它们在这宇宙间并不是完全没有地位的。“多谢你们的摧残，使我们得到解放，得到自由。”它们仿佛对无情的秋风说：“劳驾你们了，把我们踹成粉，蹂成泥，使我们得到解脱，实现消灭，”它们又仿佛对不经心的人们这么说。因为看着，在春风回来的那一天，这叫卑微的生命的种子又会从冰封的泥土里翻成一个新鲜的世界。它们的力量，虽则是看不见，可是不容疑惑的。

我那是感着的沉闷，真是一种不可形容的沉闷。它仿佛是一座大山，我整个的生命叫它压在底下。我那是的思想简直是毒的，我有一首诗，题目就叫《毒药》，开头的两行是——

“今天不是，我唱歌的日子，我口边涎着狞恶的冷笑，不是我说笑的日子，我胸怀间插着发冷光的刀剑；相信我，我的思想是恶毒的，因为这世界是恶毒的，我的灵魂是黑暗的，因为太阳已经灭绝了光彩，我的声调，像是坟堆里的夜枭，因为人间已经杀尽了一切的和谐，我的口音，像是冤鬼责问他的仇人，因为一切的恩已经让路一切的怨。”

我借这一首不成形的咒诅的诗，发泄了成一腔的闷气，但我却并不绝望，并不悲观，在极深刻的沉闷的底里，我那时还摸着了希望。所以我在《婴儿》——那首不成形诗的最后一节——那诗的后段，在描写一个产妇在她生产的受罪中，还能含有希望的句子。

在我那时带有预言性的想象中，我想望着一个伟大的革命。因此我在那篇《落叶》的末尾，我还有勇气来对待人生的挑战，郑重地宣告一个态度，高声的喊一声——借用两个有力量的外国字——“Everlasting Yea”[1]。“Everlasting Yea”,“Everlasting Yea”。一年，一年，又过去了两年。这两年间我那时的想望实现了没有？那伟大的“婴儿”有出世了没有？我们的受罪取得了认识与价值没有？

我不知道，我不知道。我知道的还只是那一大堆丑陋的蛮肿的沉闷，压得瘪人的沉闷，笼盖着我的思想，我的生命。它

1　Everlasting Yea，永远的是；Yea，口头表示同意的说法。——引自韩石山编《徐志摩全集》第三卷，天津人民出版社，2005。

在我经络里，在我的血液里。我不能抵抗，我再没有力量。

我们靠着维持我们生命的不仅是面包，不仅是饭，我们靠着活命的，是一个诗人的话，是情爱、敬仰心、希望。“We Live by love，admiration and hope”[1]，这话又包涵一个条件，就是说这世界这人类能承受我们的爱，值得我们的敬仰，容许我们的希望的。但现代是什么光景？人性的表现，我们看得见听得到的，到底是怎么回事？我想我们都不是外人，用不着掩饰，实在也无从掩饰，这里没有什么人性的表现，除了丑恶、下流、黑暗。太丑恶了，我们火热的胸膛里有爱不能爱，太下流了，我们有敬仰心不能敬仰，太黑暗了，我们要希望也无从希望。太阳给天狗吃了去，我们只能在无边的黑暗中沉默着，永远的沉默着！这仿佛是经过一次强烈的地震的。悲惨，思想、感情、人格，全给震成了无可收拾的断片，也不成系统，再也不得连贯，再也没有发现。但你们在这个时候要我来讲话，这使我感着一种异样的难受。难受，因为我自身的悲惨。难受，尤其因为我感到你们的邀请不止是一个寻常讲话的邀请，你们来邀我，当然不是要什么现成的主义，那我是外行，也不为什么专门的学识，那我是草包，你们明知我是一个诗人，他的家当，除了几座空中的楼阁，至多只是一颗热烈的心。你们邀我来也许在你们中间也有同我一样感到这时代的悲

1 We Live by love，admiration and hope。我们依靠爱情、敬仰和希望而活。

哀，一种不可解脱不能摆脱的况味，所以要我这同是这悲哀沉闷中的同志来，希冀万一，可以给你们打几个幽默的比喻，说一点笑话，给一点子安慰，有这么小小的一半个时辰，彼此可以在同情的温暖中忘却了时间的冷酷。因此我踌躇，我来怕没有什么交代，不来又于心不安。我也曾想选几个离着实际的人生较远些的事儿来和你们谈谈，但是相信我，朋友们，这念头是枉然的，因为不论你思想的起点是星光是月是蝴蝶，只一转身，又逢着了人生的基本问题，冷森森的竖着像是几座拦路的墓碑。

不，我们躲不了它们：关于这时代人生的问号，小的、大的、歪的、正的，像蝴蝶的绕满了我们的周遭。正如在两年前它们逼迫我宣告一个坚决的态度，今天它们还是逼迫着要我来表示一个坚决的态度。也好，我想，这是我再来清理一次我的思想的机会，在我们完全没有能力解决人生问题时，我们只能承认失败。但我们当前的问题究竟是些什么？如其它们有力量压倒我们，我们至少也得抬起头来认一认我们敌人的面目。再说譬如医病，我们先得看清是什么病而后用药，才可以有希望治病。说我们是有病，那是无可置疑的。但病在哪一部，最重要的症候是什么，我们却不一定答得上。至少，各人有各人的答案，决不会一致的。就说这时代的烦闷：烦闷也不能凭空来的不是？它也得有种种造成它的原因，它到底是怎么回事，我们也得查个明白。换句话说，我们先得确定我们的问题，然后

◎ 生病的年轻酒神 意大利 卡拉瓦乔

再试第二步的解决。也许在分析我们病症的研究中，某种对症的医法，就会不期然的显现。我们来试试看。

说到这里，我们可以想象一班乐观派的先生们冷眼的看着我们好笑。他们笑我们无事忙，谈什么人生，谈什么根本问题。人生根本就没有问题，这都是那玄学鬼钻进了懒惰人的脑筋里在那里不相干的捣玄虚来了！做人就是做人，重在这做字上。你天性喜欢工业，你去找工程事情做去就得。你爱谈整理国故，你寻你的国故整理去就得。工作，更多的工作，是唯一的福音。把你的脑力精神一齐放在你愿意做的工作上，你就不会轻易发挥感伤主义，你就不会无病呻吟，你只要尽力去工作，什么问题都没有了。

这话初听倒是又生辣又干脆的，本来么，有什么问题，做你的工好了，何必自寻烦恼！但是你仔细一想的时候，这明白晓畅的福音还是有漏洞的。固然这时代很多的呻吟只是懒鬼的装病，或是虚幻的想象，但我们因此就能说这时代本来是健全的，所谓病痛所谓烦恼无非是心理作用了吗？固然当初德国有一个大诗人，他的伟大的天才使他在什么心智的活动中都找到趣味，他在科学实验室里工作得厌倦了，他就跑出来带住一个女性就发迷，西洋人说的“跌进了恋爱”；回头他又厌倦了或是失恋了，只一感到烦恼，或悲哀的压迫，他又赶快飞进了他的实验室，关上了门，也关上了他自己的感情的门，又潜心他的科学研究去了。在他，所谓工作确是一种救济，一种关栏，一种调剂，但我们怎能比得？我们一班青年感情和理智还不能分清的时候，如何能有这样伟大的克制的工夫？所以我们还得来研究我们自身的病痛，想法可能的补救。

并且这工作论是实际上不可能的。因为假如社会的组织，果然能容得我们各人从各人的心愿选定各人的工作并且有机会继续从事这部分的工作，那还不是一个黄金时代？“民各其业，安其生”。还有什么问题可谈的？现代是这样一个时候吗？商人能安心做他的生意，学生能安心读他的书，文学家能安心做他的文学吗？正因为这时代从思想起，什么事情都颠倒了，混乱了，所以才会发生这普通的烦闷病，所以才有问题，否则认真吃饱了饭没有事做，大家甘心自寻烦恼不成。

我们来看看我们的病症。

第一个显明的症候是混乱。一个人群社会的存在与进行是有条件的。这条件是种种体力与智力的活动的和谐的合作，在这诸种活动中的总线索，总指挥，是无形迹可寻的思想，我们简直可以说哲理的思想，它顺着时代或领着时代规定人类努力的方面，并且在可能时给它一种解释，一种价值的估定与意义的发现。思想是一个使命，是引导人类从非意识的以至无意识的活动进化到有意识的活动，这点子意识性的认识与觉悟，是人类文化史上最光荣的一种胜利，也是最透彻的一种快乐。果然是这部分哲理的思想，统辖得住这人群社会全体的活动，这社会就上了正轨；反面说，这部分思想要是失去了它那总指挥的地位，那就坏了，种种体力和智力的活动，就随时随地有发生冲突的可能，这重心的抽去是种种不平衡现象主要的原因。现在的中国就吃亏在没有了这个重心，结果什么都豁了边，都不合式了。我们这老大国家，说也可惨，在这百年来，根本就没有思想可说。从安逸到宽松，从怠惰到着忙，从着忙到瞎闯，从瞎闯到混乱，这几个形容词我想可以概括近百年来中国的思想史，——简单说，它完全放弃了总指挥的地位，没有了统系，没有了目标，没有了和谐，结果是现代的中国：一团混乱。

混乱，混乱，哪儿都是的。因为思想的无能，所以引起种种混乱的现象，这是一步。再从这种种的混乱，更影响到思想本体，使它也传染了这混乱。好比一个人因为身体软弱才受外感，得了种种的病，这病的蔓延又回过来销蚀病人有限的精力，使他变成更软弱了，这是第二步。经济，政治，社会，哪儿不是蹊跷，哪儿不是混乱？这影响到个人方面是理智与感情的不平衡，感情不受理智的节制就是意气，意气永远是浮的，浅的，无结果的；因为意气占了上风，结果是错误的活动。为了不曾辨认清楚的目标，我们的文人变成了政客，研究科学的，做了非科学的官，学生抛弃了学问的寻求，工人做了野心家的牺牲。这种种混乱现象影响到我们青年是造成烦闷心理的原因的一个。

这一个征候——混乱——又过渡到第二个征候——变态。

什么是人群社会的常态？人群是感情的结合。虽则尽有好奇的思想家告诉我们人是互杀互害的，或是人的团结是基本于怕惧的本能，虽则就在有秩序上轨道的社会里，我们也看得见恶性的表现，我们还是相信社会的纪纲是靠着积极的感情来维系的。这是说在一常态社会天平上，爱情的分量一定超过仇恨的分量，互助的精神一定超过互害互杀的现象。但在一个社会没有了负有指导使命的思想的中心的情形之下，种种离奇的变态的现象，都是可能的产生了。

一个社会不能供给正常的职业时，它即使有严厉的法令，也不能禁止盗匪的横行。一个社会不能保障安全，奖励恒业恒心，结果原来正当的商人，都变成了拿妻子生命财产来做买空卖空的投机家。我们只要翻开我们的日报：就可以知道这现代的社会是常态是变态。拢统一点说，他们现在只有两个阶级可分，一个是执行恐怖的主体，强盗、军队、土匪、绑匪、政客、野心的政治家，所有得势的投机家都是的，他们实行的，不论明的暗的，直接间接都是一种恐怖主义。还有一个是被恐怖的。前一阶级永远拿着杀人的利器或是类似的东西在威吓着，压迫着，要求满足他们的私欲，后一阶级永远在地上爬着，发着抖，喊救命，这不是变态吗？这变态的现象表现在思想上就是种种荒谬的主义离奇的主张。拢统说，我们现在听得见的主义主张，除了平庸不足道的，大就是计算领着我们向死路上走的。这不是变态吗？

这种种的变态现象影响到我们青年，又是造成烦闷心理的原因的一个。

这混乱与变态的观众又协同造成了第三种的现象——一切标准的颠倒。人类的生活的条件，不仅仅是衣食住："人之异于禽兽者几希"，我们一讲到人道，就不能脱离相当的道德观念。这比是无形的空气，他的清鲜是我们健康生活的必要条件。我们不能没有理想，没有信念，我们真生命的寄托决不在单纯的衣食间。我们崇拜英雄——广义的英雄——因为在他们事业上表现的品性里，我们可以感到精神的满足与灵感，鼓舞我们更高尚的天性，勇敢的发挥人道的伟大。你崇拜你的爱人，因为她代表的是女性的美德。你崇拜当代的政治家，因为他们代表的是无私心的努力。你崇拜思想家，因为他们代表的是寻求真理的勇敢。这崇拜的涵义就是标准。时代的风尚尽管变迁，但道义的标准是永远不动摇的。这些道义的准则，我们向时代要求的是随时给我们这些道义准则的具体的表现。仿佛是在渺茫的人生道上给悬着几颗照路的明星。但现在给我们的是什么？我们何尝没有热烈的崇拜心？我们何尝不在这一件那一件事上，或是这一个人物那一个人物的身上安放过我们迫切的期望。但是，但是，还用我说吗！有哪一件事不使我们重大的迷惑，失望，悲伤？说到人的方面，哪有比普通的人格的破产更可悲悼的？在不知哪一种魔鬼主义的秋风里，我们眼见我们心目中的偶像败叶似的一个个全掉了下来！眼见一个个道义

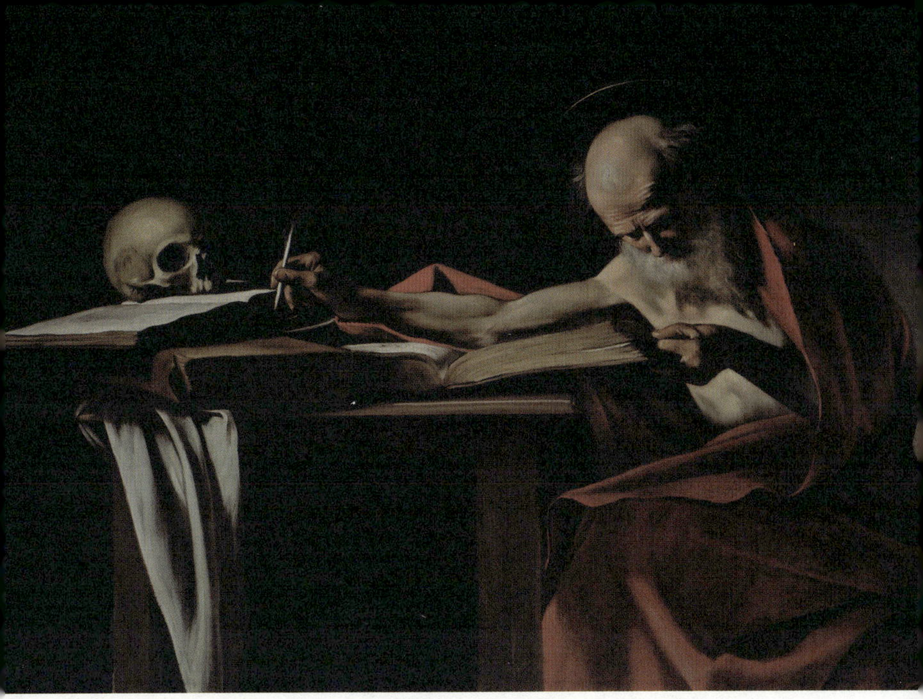

◎ 圣杰罗姆写作中 意大利 卡拉瓦乔

的标准，都叫丑恶的人格给沾上了不可清洗的污秽！标准是没有了的。这种种道德方面人格方面颠倒的现象，影响到我们青年，又是造成烦闷心理的原因的一个。

跟着这种种症候还有一个惊心的现象，是一般创作活动的消沉，这也是当然的结果。因为文艺创作活动的条件是和平有秩序的社会状态，常态的生活，以及理想主义的根据。我们现在却只有混乱、变态，以及精神生活的破产。这仿佛是拿毒药放进了人生的泉源，从这里流出来的思想，哪还有什么真善美的表现？

这时代病的症候是说不尽的，这是最复杂的一种病，但单就我们上面说到的几点看来，我们似乎已经可以采得一点消息，至少我个人是这么想。——那一点消息就是生命的枯窘，或是活力的衰耗。我们所以得病是为我们生活的组织上缺少了思想的重心，它的使命是领导与指挥。但这又为什么呢？我的解释，是我们这民族已经到了一个活力枯窘的时期。生命之流的本身，已经是近于干涸了：再加之我们现得的病，又是直接克伐生命本体的致命症候，我们怎能受得住？这话可又讲远了，但又不能不从本原上讲起。我们第一要记得我们这民族是老得不堪的一个民族。我们知道什么东西都有它天限的寿命；一种树只能青多少年，过了这期限就得衰，一种花也只能开几度花，过此就为死（虽则从另一种看法，它们都是永生的，因为它们本身虽得死，它们的种子还是有机会继续发长）。我们这棵树在人类的树林里，已经算得是寿命极长的了。我们的血统比较又是纯粹的。还有一个特点是我们历来因为四民制的结果，士之子恒为士，商之子恒为商，思想这任务完全为士民阶级的专利，又因为经济制度的关系，活力最充足的农民简直没有机会读书，因为士民阶级形成了一种孤单的地位。我们要知道知识是一种堕落，尤其从活力的观点看，这士民阶级是特别堕落的一个阶级，再加之我们旧教育观念的偏窄，单就知识论，我们思想本能活动的范围简直是荒谬的狭小。我们只有几本书，一套无生命的陈腐的文学，是我们唯一的工具。这情形就比是本来是一个海湾，和大海是相通的，但后来因为沙地的胀起，这一湾水渐渐隔离它所从来的海，而更成了湖。这湖原先也许还承受得着几股山水的来源，但后来又经过陵谷的变迁，这部分的来源也断绝了，结果这湖又干成一只小潭，乃至一小潭的止水，长满了青苔与萍梗，纯迟迟的眼看得见就可以完全干涸了去的一个东西。这是我们受教育的士民阶级的相仿情形。现在所谓知识亦无非是这潭死水里的比较泥草松动些风来还多少吹得绉的一洼臭水，别瞧它矜矜自喜，可怜它能有多少前程？还能有多少生命？

所以我们这病，虽则症候不止一种，虽然看来复杂，归根只是中医所谓气血两亏的一种本原病。我们现在所感觉的烦闷，也只见沉浸在这一洼离死不远的臭水里的气闷，还有什么可说的？水因为不流所以滋生了草，这水草的胀性，又帮助浸干这有限的水。同样的，我们的活力因为断绝了来源，所以发生了种种本原性的病症，这些病又回过来侵蚀本源，帮助消尽这点仅存的活力。

病性既是如此，那不是完全绝望了吗？

那也不是这么容易。一棵大树的凋零，一个民族的衰歇，也不是一朝一夕的事儿。我们当然还是要命。只是怎么要法，是我们的问题。我说过我们的病根是在失去于思想的重心，那又是原因于活力的单薄。在事实上，我们这读书阶级形成了一种极孤单的状况，一来因为阶级关系它和民族里活力最充足的农民阶级完全隔绝了，二来因为畸形教育以及社会的风尚的结果，它在生活方面是极端的城市化、腐化、奢侈化、惰化，完全脱离了大自然健全的影响变成自蚀的一种蛀虫，在智力活动方面，只偏向于纤巧的浅薄的诡辩的乃至于程式化的一道，再没有创造的力量的表示，渐次的完全失去了它自身的尊严以及统辖领导全社会活动的无上的权威。这一没有了统帅，种种紊乱的现象就都跟着来了。

这畸形的发展是值得寻味的。一方面你有你的读书阶级，中了过度文明的毒，一天一天往腐化僵化的方向走，但你却不能否认它智力的发达，只因为道义标准的颠倒以及理想主义的缺乏，它的活动也全不是在正理上。就说这一堂的翩翩年少——尤其是文化最发旺的江浙的青年，十个虑有九个是弱不禁风的。但问题还不全在体力的单薄，尤其是智力活动本身是有了病，它只有毒性的戟刺，没有健全的来源，没有天然的资养。纤巧的新奇的思想不是我们需要的，我们要的是从丰满的生命与强健的活力里流露出来纯正的健全的思想，那才是有力量的思想。

同时我们再看看占我们民族十分之八九的农民阶级。他们生活的简单，脑筋的简单，感情的简单，意识的疏浅，文化的定住，几于使他们形成一种仅仅有生物作用的人类。他们的肌肉是发达的，他们是能工作的，但因为教育的不普及，他们智力的活动简直的没有机会，结果按照生物学的公例，因无用而退化，他们的脑筋简直不行的了。乡下的孩子当然比城市的孩子不灵，粗人的子弟当然比不上书香人的子弟，这是一定的。但我们现在为救这文化的性命，非得赶快就有健全的活力来补充我们受足了过度文明的毒的读书阶级不可。也有人说这读书阶级是不可救药的了，希望如其有，是在我们民族里还未经开化的农民阶级。我的意思是我们应得利用这部分未开凿的精力来补充我们开凿过分的士民阶级。讲到实施，第一得先打破这无形的阶级界限以及省分界限。通婚和婚是必要的，比较的说，广东、湖南乃至北方人比江浙人健全得多，乡下人比城里人健全得多，所以江浙人和北方人非得尽量的通婚，城市人非得与农人尽量的通婚不可。但是这话说着容易，实际上是极困难的。讲到结婚，谁愿意放弃自身的艳福，为的是渺茫的民族的前途上，哪一个翩翩的少年甘心放着窈窕风流的江南女郎不要，而去乡村找粗蠢的大姑娘作配，谁肯不就近结识血统逼近的姨妹表妹乃至于同学妹，而肯远去异乡到口音不相通的外省人中间去寻配偶？这是难的，我知道。但希望并不见完全没有——这希望完全是在教育上。第一我们得赶快认清这时代病无非是一种本原病，什么混乱的变态的现象，都无非是显示生命的缺乏。这种种病，又都就是直接戕伐生命的，所以我们为要文化与思想的健全，不能不想方法开通路子，使这几洼孤立的呆定的死水重复得到天然泉水的接济，重复灵活起来，一切的障碍与淤塞自然会得消灭——思想非得直接从生命的本体里热烈的迸裂出来才有力量，才是力量。这过度文明的人种非得带它回到生命的本源上去不可，它非得重新生过根不可。按着这个目标，我们在教育上就不能不极力推广教育的机会到健全的农民阶级里去，同时奖励阶级间的通婚。假如国家的力量可以干涉到个人婚姻的话，我们仅可以用强迫的方法叫你们这些翩翩的少年都去娶乡下大姑娘子，而同时把我们窈窕风流的女郎去嫁给农民做媳妇。况且谁都知道，我们现在择偶的标准本身就是不健全的。女人要嫁给金钱、奢侈、虚荣、女性的男子；男人的口味也是同样的不妥当。什么都是不健全的，喔，这毒气充塞的文明社会！在我们理想实现的那一天，我们这文化如其有救的话，将来的青年男女一定可以兼有士民与农民的特长，体力与智力得到均平的发展，从这类健全的生命树上，我们可以盼望吃得着美丽鲜甜的思想的果子！

至于我们个人方面，我也有一部分的意见，只是今天时光局促了怕没有机会发挥，但总结一句话，我们要认清我们是什么病，这病毒是在我们一个个你我的身体上，血液里，无容讳言的。只要我们不认错了病多少总有办法。我的意见是要多多接近自然，因为自然是健全的纯正的影响，这里面有无穷尽性灵的资养与启发与灵感。这完全靠我们各个自觉的修养。我们先得要立志不做时代和时光的奴隶，我们要做我们思想和生命的主人，这暂时的沉闷决不能压倒我们的理想，我们正应得感谢这深刻的沉闷，因为在这里，我们才感悟着一些自度的消息，如我方才说的，我们还是得努力，我们还是得坚持，我们的态度是积极的。正如我两年前《落叶》的结束是喊一声“Everlasting Yea”，我今天还是要你们跟着我来喊一声“Everlasting Yea”。

迎上前去

这回我不撒谎，不打隐谜，不唱反调，不来烘托；我要说几句至少我自己信得过的话，我要痛快的招认我自己的虚实，我愿意把我的花押画在这张供状的末尾。

我要求你们大量的容许，准我在我第一天接手《晨报副刊》的时候，介绍我自己，解释我自己，鼓励我自己。

我相信真的理想主义者是受得住眼看他往常保持着的理想煨成灰，碎成断片，烂成泥，在这灰、这断片、这泥的底里，他再来发现他更伟大、更光明的理想。我就是这样的一个。

只有信生病是荣耀的人们才来不知耻的高声嚷痛；这时候他听着有脚步声，他以为有帮助他的人向着他来，谁知是他自己的灵性离了他去！真有志气的病人，在不能自己豁脱苦痛的时候，宁可死休，不来忍受医药与慈善的侮辱。我又是这样的一个。

我们在这生命里到处碰头失望，连续遭逢“幻灭”，头顶只见乌云，地下满是黑影；同时我们的年岁、病痛、工作、习

晨報副鐫

世界如何終局

◎《晨报副刊》

惯，恶狠狠的压上我们的肩背，一天重似一天，在无形中嘲讽的呼喝着，“倒，倒，你这不量力的蠢材！”因此你看这满路的倒尸，有全死的，有半死的，有爬着挣扎的，有默无声息的……嘿！生命这十字架，有几个人抗得起来？

但生命还不是顶重的担负，比生命更重实更压得死人的是思想那十字架。人类心灵的历史里能有几个天成的孟贲乌育[1]？在思想可怕的战场上我们就只有数得清有限的几具光荣的尸体。

1　孟贲乌育，今译墨尔波墨涅，希腊神话中的专司悲剧的文艺女神。

我不敢非分的自夸；我不够狂，不够妄。我认识我自己力量的止境，但我却不能制止我看了这时候国内思想界萎瘪现象的愤懑与羞恶。我要一把抓住这时代的脑袋，问它要一点真思想的精神给我看看——不是借来的税来的冒来的描来的东西，不是纸糊的老虎，摇头的傀儡，蜘蛛网幕面的偶像；我要的是筋骨里迸出来，血液里激出来，性灵里跳出来，生命里震荡出来的真纯的思想。我不来问他要，是我的懦怯；他拿不出来给我看，是他的耻辱。朋友，我要你选定一边，假如你不能站在我的对面，拿出我要的东西来给我看，你就得站在我这一边，帮着我对这时代挑战。

我预料有人笑骂我的大话。是的，大话。我正嫌这年头的话太小了，我们得造一个比小更小的字来形容这年头听着的说话，写下印成的文字；我们得请一个想象力细致如史魏夫脱（Dean Swift）[1]的来描写那些说小话的小口，说尖话的尖嘴。一大群的食蚁兽！他们最大的快乐是忙着他们的尖喙在泥土里垦寻细微的蚂蚁。蚂蚁是吃不完的，同时这可笑的尖嘴却益发不住的向尖的方向进化，小心再隔几代连蚂蚁这食料都显太大了！

我不来谈学问，我不配，我书本的知识是真的十二分的有限。年轻的时候我念过几本极普通的中国书，这几年不但没有

1　史魏夫脱（Dean Swift），今译斯威夫斯，英国作家。

◎ 先师孔子行教像拓片 唐 吴道子

知新，温故都说不上，我实在是孤陋，但我却抱定孔子的一句话“知之为知之，不知为不知，是知也”，决不来强不知为知；我并不看不起国学与研究国学的学者，我十二分尊敬他们，只是这部分的工作我只能艳羡的看他们去做，我自己恐怕不但今天，竟许这辈子都没希望参加的了。外国书呢？看过的书虽则有几本，但是真说得上“我看过的”能有多少，说多一点，三两篇戏，十来首诗五六篇文章，不过这样罢了。

科学我是不懂的，我不曾受过正式的训练，最简单的物理化学，都说不明白，我要是不预备就去考中学校，十分里有九分是落第，你信不信！天上我只认识几颗大星，地上几棵大树！这也不是先生教我的；从先生那里学来的，十几年学校教育给我的，究竟有些什么，我实在想不起，说不上，我记得的只是几个教授可笑的嘴脸与课堂里强烈的催眠的空气。

我人事的经验与知识也是同样的有限，我不曾做过工；我不曾尝味过生活的艰难，我不曾打过仗，不曾坐过监，不曾进过什么秘密党，不曾杀过人，不曾做过买卖，发过一个大的财。

所以你看，我只是个极平常的人，没有出人头地的学问，更没有非常的经验。但同时我自信我也有我与人不同的地方。我不曾投降这世界。这不受它的拘束。

我是一只没笼头的野马，我从来不曾站定过。我人是在这社会里活着，我却不是这社会里的一个，像是有离魂病似的，我这躯壳的动静是一件事，我那梦魂的去处又是一件事。我是一个傻子，我曾经妄想在这流动的生里发现一些不变的价值，在这打谎的世上寻出一些不磨灭的真，在我这灵魂的冒险是生命核心里的意义；我永远在无形的经验的峻岩上爬着。

冒险——痛苦——失败——失望，是跟着来的，存心冒险的人就得打算他最后的失望；但失望却不是绝望，这分别很大。我是曾经遭受失望的打击，我的头是流着血，但我的脖子还是硬的；我不能让绝望的重量压住我的呼吸，不能让悲观的慢性病侵蚀我的精神，更不能让厌世的恶质染黑我的血液。厌世观与生命是不可并存的；我是一个生命的信徒，起初是的，今天还是的，将来我敢说也是的。我决不容忍性灵的颓唐，那是最不可救药的堕落，同时却继续躯壳的存在；在我，单这开口说话，提笔写字的事实，就表示后背有一个基本的信仰，完全的没破绽的信仰；否则我何必再做什么文章，办什么报刊？

但这并不是说我不感受人生遭遇的痛创；我决不是那童呆性的乐观主义者；我决不来指着黑影说这是阳光，指着云雾说这是青天，指着分明的恶说这是善；我并不否认黑影、云雾和恶，我只是不怀疑阳光与青天与善的实在；暂时的掩蔽与侵蚀，不能使我们绝望，这正应得加倍的激动我们寻求光明的决心。前几天我觉着异常懊丧的时候无意中翻着尼采的一句话，极简单的几个字却涵有无穷的意义与强悍的力量，正如天上星斗的纵横与川的经纬，在无声中暗示你人生的奥义，祛除你的迷惘，照亮你的思路，他说“受苦的人没有悲观的权利（The sufferer has no right to pessimism）”，我那时感受一种异样的惊心，一种异样的澈悟：

我不辞痛苦，因为我要认识你，上帝；
我甘心，甘心在火焰里存身，
到最后那时辰见我的真，
见我的真，我定了主意，上帝，再不迟疑！

◎ 尼采像

所以我这次从南边回来，决意改变我对人生的态度，我写信给朋友说这来要来认真做一点“人的事业”了：

我再不想成仙，蓬莱不是我的份；

我只要这地面，情愿安分的做人。

在我这“决心做人，决心做一点认真的事业”，是一个思想的大转变；因为先前我对这人生只是不调和不承认的态度，因此我与这现世界并没有什么相互的关系，我是我，它是它，它不能责备我，我也不来批评它。但这来我决心做人的宣言却就把我放进了一个有关系，负责任的地位，我再不能张着眼睛做梦，从今起得把现实当现实看：我要来察看，我要来检查，我要来清除，我要来颠扑，我要来挑战，我要来破坏。

人生到底是什么？我得先对我自己给一个相当的答案。人生究竟是什么？为什么这形形色色的，纷扰不清的现象——宗教、政治、社会、道德、艺术、男女、经济？我来是来了，可还是一肚子的不明白，我得慢慢的看古玩似的，一件件拿在手里看一个清切再来说话，我不敢保证我的话一定在行，我敢担保的只是我自己思想的忠实，我前面说过我的学识是极浅陋的，但我却并不因此自馁，有时学问是一种束缚，知识是一层障碍，我只要能信得过我能看的眼，能感受的心，我就有我的话说；至于我说的话有没有人听，有没有人懂，那是另外一件事我管不着了——“有的人身死了才出世的”，谁知道一个人有没有真的出世那一天？

是的，我从今起要迎上前去！生命第一个消息是活动，第二个消息是搏斗，第三个消息是决定；思想也是的，活动的下文就是搏斗。搏斗就包含一个搏斗的物件，许是人，许是问题，许是现象，许是思想本体。一个武士最大的期望是寻着一个相当的敌手，思想家也是的，他也要一个可以较量他充分的力量的物件，“攻击是我的本性，”一个哲学家说，“要与你的对手相当——这是一个正直的决斗的第一个条件。你心存鄙夷的时候你不能搏斗。你占上风，你认定对手无能的时候你不应当搏斗。我的战略可以约成四个原则：——第一，我专打正占胜利的物件——在必要时我暂缓我的攻击，等他胜利于再开手；第二，我专打没有人打的物件，我这边不会有助手，我单独的站定一边——在这搏斗中我难为的只是我自己；第三，我永远不来对人的攻击——在必要时我只拿一个人格当显微镜用，借它来显出某种普遍的，但却隐遁不易踪迹的恶性；第四，我攻击某事物的动机，不包含私人嫌隙的关系，在我攻击是一个善意的，而且在某种情况下，感恩的凭证。”

这位哲学家的战略，我现在僭引作我自己的战略，我盼望我将来不至于在搏斗的沉酣中忽略了预定的规律，万一疏忽时我恳求你们随时提醒。我现在戴我的手套去！

北戴河海滨的幻想

他们都到海边去了。我为左眼发炎不曾去。我独坐在前廊，偎坐在一张安适的大椅内，袒着胸怀，赤着脚，一头的散发，不时有风来撩拂。清晨的晴爽，不曾消醒我初起时睡态；但梦思却半被晓风吹断。我阖紧眼帘内视，只见一斑斑消残的颜色，一似晚霞的余赭，留恋地胶附在天边。廊前的马樱、紫荆、藤萝、青翠的叶与鲜红的花，都将他们的妙影映印在水汀上，幻出幽媚的情态无数；我的臂上与胸前，亦满缀了绿荫的斜纹。从树荫的间隙平望，正见海湾：海波亦似被晨曦唤醒，黄蓝相间的波光，在欣然的舞蹈。滩边不时见白涛涌起，迸射着雪样的水花。浴线内点点的小舟与浴客，水禽似的浮着；幼童的欢叫，与水波拍岸声，与潜涛呜咽声，相间的起伏，竞报一滩的生趣与乐意。但我独坐的廊前，却只是静静的，静静的无甚声响。妩媚的马樱，只是幽幽的微辗着，蝇虫也敛翅不飞。只有远近树里的秋蝉，在纺纱似的垂引他们不尽的长吟。

在这不尽的长吟中，我独坐在冥想。难得是寂寞的环境，

◎ 海边的星期天 法国 皮埃尔·尤金·芒特金

难得是静定的意境；寂寞中有不可言传的和谐，静默中有无限的创造。我的心灵，比如海滨，生平初度的怒潮，已经渐次的消翳，只剩有疏松的海砂中偶尔的回响，更有残缺的贝壳，反映星月的辉芒。此时摸索潮余的斑痕，追想当时汹涌的情景，是梦或是真，再亦不须辨问，只此眉梢的轻皱，唇边的微哂，已足解释无穷奥绪，深深的蕴伏在灵魂的微纤之中。

青年永远趋向反叛，爱好冒险；永远如初度航海者，幻想黄金机缘于浩渺的烟波之外：想割断系岸的缆绳，扯起风帆，欣欣的投入无垠的怀抱。他厌恶的是平安，自喜的是放纵与豪迈。无颜色的生涯，是他目中的荆棘；绝海与凶巇，是他爱取自由的途径。他爱折玫瑰；为她的色香，亦为她冷酷的刺毒。他爱搏狂澜：为他的庄严与伟大，亦为他吞噬一切的天才，最是激发他探险与好奇的动机。他崇拜冲动：不可测，不可节，不可预逆，起，动，消歇皆在无形中，狂飙似的倏忽与猛烈与神秘。他崇拜斗争：从斗争中求剧烈的生命之意义，从斗争中求绝对的实在，在血染的战阵中，呼叫胜利之狂欢或歌败丧的哀曲。

幻象消灭是人生里命定的悲剧；青年的幻灭，更是悲剧中的悲剧，夜一般的沉黑，死一般的凶恶。纯粹的，倡狂的热情之火，不同阿拉伯的神灯，只能放射一时的异彩，不能永久的朗照；转瞬间，或许，便已敛熄了最后的焰舌，只留存有限的余烬与残灰，在未灭的余温里自伤与自慰。

流水之光，星之光，露珠之光，电之光，在青年的妙目中闪耀，我们不能不惊讶造化者艺术之神奇，然可怖的黑影，倦与衰与饱餍的黑影，同时亦紧紧的跟着时日进行，仿佛是烦恼、痛苦、失败，或庸俗的尾曳，亦在转瞬间，彗星似的扫灭了我们最自傲的神辉——流水澜，明星没，露珠散灭，电闪不再！

在这艳丽的日辉中，只见愉悦与欢舞与生趣，希望，闪烁

◎ 收获 法国 皮埃尔·尤金·芒特金

的希望，在荡漾，在无穷的碧空中，在绿叶的光泽里，在虫鸟的歌吟中，在青草的摇曳中——夏之荣华，春之成功。春光与希望，是长驻的；自然与人生，是调谐的。

在远处有福的山谷内，莲馨花在坡前微笑，稚羊在乱石间跳跃，牧童们，有的吹着芦笛，有的平卧在草地上，仰看交幻的浮游的白云，放射下的青影在初黄的稻田中缥缈地移过。在远处安乐的村中，有妙龄的村姑，在流涧边照映她自制的春裙；口衔烟斗的农夫三四，在预度秋收的丰盈，老妇人们坐在家门外阳光中取暖，她们的周围有不少的儿童，手擎着黄白的钱花在环舞与欢呼。

在远——远处的人间，有无限的平安与快乐，无限的春光……

在此暂时可以忘却无数的落蕊与残红；亦可以忘却花荫中掉下的枯叶，私语地预告三秋的情意；亦可以忘却苦恼的僵瘪的人间，阳光与雨露的殷勤，不能再恢复他们腮颊上生命的微笑，亦可以忘却纷争的互杀的人间，阳光与雨露的仁慈，不能感化他们凶恶的兽性；亦可以忘却庸俗的卑琐的人间，行云与朝露的丰姿，不能引逗他们刹那间的凝视；亦可以忘却自觉的失望的人间，绚烂的春时与媚草，只能反激他们悲伤的意绪。

我亦可以暂时忘却我自身的种种；忘却我童年期清风白水似的天真；忘却我少年期种种虚荣的希冀；忘却我渐次的生命的觉悟；忘却我热烈的理想的寻求；忘却我心灵中乐观与悲观的斗争；忘却我攀登文艺高峰的艰辛；忘却刹那的启示与彻悟之神奇；忘却我生命潮流之骤转；忘却我陷落在危险的旋涡中之幸与不幸；忘却我追忆不完全的梦境；忘却我大海底里埋首的秘密；忘却曾经刳割我灵魂的利刃，炮烙我灵魂的烈焰，摧毁我灵魂的狂飙与暴雨；忘却我的深刻的怨与艾；忘却我的冀与愿；忘却我的恩泽与惠感；忘却我的过去与现在……

过去的实在，渐渐的膨胀，渐渐的模糊，渐渐的不可辨认；现在的实在，渐渐的收缩，逼成了意识的一线，细极狭极的一线，又裂成了无数不相联续的黑点……黑点亦渐次的隐翳？幻术似的灭了，灭了，一个可怕的黑暗的空虚……

再剖

你们知道喝醉了想吐吐不出或是吐不爽快的难受不是？这就是我现在的苦恼；肠胃里一阵阵的作恶，腥腻从食道里往上泛，但这喉关偏跟你别扭，它捏住你，逼住你，逗着你——不，它且不给你痛快哪！前天那篇《自剖》，就比是哇出来的几口苦水，过后只是更难受，更觉着往上冒。我告你我想要怎么样。我要孤寂：要一个静极了的地方——森林的中心，山洞里，牢狱的暗室里——再没有外界的影响来逼迫或引诱你的分心，再不须计较旁人的意见，喝彩或是嘲笑；当前唯一的物件是你自己：你的思想，你的感情，你的本性。那时它们再不会躲避，不曾隐遁，不曾装作；赤裸裸的听凭你察看、检验审问。你可以放胆解去你最后的一缕遮盖，袒露你最自怜的创伤，最掩讳的私亵。那才是你痛快一吐的机会。

但我现在的生活情形不容我有那样一个时机。白天太忙（在人前一个人的灵性永远是蜷缩在壳内的蜗牛），到夜间，比如此刻，静是静了，人可又倦了，惦着明天的事情又不得不早些休息。啊，我真羡慕我台上放着那块唐砖上的佛像，他在他的莲台上瞑目坐着，什么都摇不动他那入定的圆澄。我们只是在烦恼网里过日子的众生，怎敢企望那光明无碍的境界！有鞭子下来，我们躲；见好吃的，我们垂涎；听声响，我们着忙；逢着痛痒，我们着恼。我们是鼠、是狗、是刺猬、是天上星星与地上泥土间爬着的虫。哪里有工夫，即使你有心想亲近你自己？哪里有机会，即使你想痛快的一吐？

前几天也不知无形中经过几度挣扎，才呕出那几口苦水，这在我虽则难受还是照旧，但多少总算是发泄。事后我私下觉得愧悔，因为我不该拿我一己苦闷的骨鲠，强读者们陪着我吞咽。是苦水就不免熏蒸的恶味。我承认这完全是我自私的行为，不敢望恕的。我唯一的解嘲是这几口苦水的确是从我自己的肠胃里呕出——不是去脏水桶里舀来的。我不曾期望同情，我只要朋友们认识我的深浅——（我的浅？）我最怕朋友们的容宠容易形成一种虚拟的期望；我这操刀自剖的一个目的，就在及早解卸我本不该扛上的担负。

是的，我还得往底里挖，往更深处剖。

最初我来编辑副刊，我有一个愿心。我想把我自己整个儿交给能容纳我的读者们，我心目中的读者们，说实话，就只这时代的青年。我觉着只有青年们的心窝里有容我的空隙，我要偎着他们的热血，听他们的脉搏。我要在我自己的情感里发现他们的情感，在我自己的思想里反映他们的思想。假如编辑的意义只是选稿、配版、付印、拉稿，那还不如去做银行的伙计——有出息

◎ 探病 法国 奥诺雷·杜米埃

得多。我接受编辑晨副的机会，就为这不单是机械性的一种任务。（感谢晨报主人的信任与容忍），晨报变了我的喇叭，从这管口里我有自由吹弄我古怪的不调谐的音调，它是我的镜子，在这平面上描画出我古怪的不调谐的形状。我也决不掩讳我的原形；我就是我。记得我第一次与读者们相见，就是一篇供状。我的经过，我的深浅，我的偏见，我的希望，我都曾经再三的声明，怕是你们早听厌了。但初起我有一种期望是真的——期望我自己。也不知那时间为什么原因我竟有那活棱棱的一副勇气。我宣言我自己跳进了这现实的世界，存心想来对准人生的面目认他一个仔细。我信我自己的热心（不是知识）多少可以给我一些对敌力量的。我想拼这一天，把我的血肉与灵魂，放进这现实世界的磨盘里去捱，锯齿下去拉，——我就要尝那味儿！只有这样，我想才可以期望我主办的刊物多少是一个有生命气息的东西；才可以期望在作者与读者间发生一种活的关系；才可以期望读者们觉着这一长条报纸与黑的字印的背后，的确至少有一个活着的人与一个动着的心，他的把握是在你的腕上，他的呼吸吹在你的脸上，他的欢喜，他的惆怅，他的迷惑，他的伤悲，就比是你自己的，的确是从一个可认识的主体上发出来的变化——是站在台上人的姿态，——不是投射在白幕上的虚影。

并且我当初也并不是没有我的信念与理想。有我崇拜的德性，有我信仰的原则。有我爱护的事物，也有我痛疾的事物。往理性的方向走，往爱心与同情的方向走，往光明的方向走，往真的方向走，往健康快乐的方向走，往生命，更多更大更高的生命方向走——这是我那时的一点“赤子之心”。我恨的是这时代的病象，什么都是病象：猜忌、诡诈、小巧、倾轧、挑拨、残杀、互杀、自杀、忧愁、作伪、肮脏。我不是医生，不会治病；我就有一双手，趁它们活灵的时候，我想，或许可以替这时代打开几扇窗，多少让空气流通些，浊的毒性的出去，清醒的洁净的进来。

但紧接着我的狂妄的招摇，我最敬畏的一个前辈（看了我的吊刘叔和文）就给我当头一棒：

……既立意来办报而且郑重宣言“决意改变我对人的态度”，那么自己的思想就得先磨冶一番，不能单凭主觉，随便说了就算完事。迎上前去，不要又退了回来！一时的兴奋，是无用的，说话越觉得响亮起劲，跳踯有力，其实即是内心的虚弱，何况说出衰颓懊丧的语气，教一般青年看了，更给他们以可怕的影响，似乎不是志摩这番挺身出马的本意！……

迎上前去，不要又退了回来！这一喝这几个月来就没有一天不在我“虚弱的内心”里回响。实际上自从我喊出“迎上前去”以后，即使不曾撑开了往后退，至少我自己觉不得我的脚步曾经向前挪动。今天我再不能容我自己这梦梦的下去。算清亏欠，在还算得清的时候，总比窝着混着强。我不能不自剖。冒着“说出衰颓懊丧的语气”的危险，我不能不利用这反省的锋刃，劈去纠着我心身的累赘、淤积，或许这来倒有自我真得解放的希望？

想来这做人真是奥妙。我信我们的生活至少是复性的。看得见，觉得着的生活是我们的显明的生活，但同时另有一种生活，跟着知识的开豁逐渐胚胎、成形、活动，最后支配前一种的生活比是我们投在地上的身影，跟着光亮的增加渐渐由模糊化成清晰，形体是不可捉的，但它自有它的奥妙的存在，你动它跟着动，你不动它跟着不动。在实际生活的匆遽中，我们不易辨认另一种无形的生活的并存，正如我们在阴地里不见我们的影子；但到了某时候某境地忽的发现了它，不容否认的踵接着你的脚跟，比如你晚间步月时发现你自己的身影。它是你的性灵的或精神的生活。你觉到你有超实际生活的性灵生活的俄顷，是你一生的一个大关键！你许到极迟才觉悟（有人一辈子不得机会），但你实际生活中的经历、动作、思想，没有一丝一屑不同时在你那跟着长成的性灵生活中留着“对号的存根”，正如你的影子不放过你的一举一动，虽则你不注意到或看不见。

我这时候就比是一个人初次发现他有影子的情形。惊骇、讶异、迷惑、耸悚、猜疑、恍惚同时并起，在这辨认你自身另有一个存在的时候。我这辈子只是在生活的道上盲目的前冲，一时踹入一个泥潭，一时踏折一支草花，只是这无目的的宾士；从哪里来，向哪里去，现在在哪里，该怎么走，这些根本的问题却从不曾到我的心上。但这时候突然的，恍然的我惊觉了。仿佛是一向跟着我形体奔波的影子忽然阻住了我的前路，责问我这匆匆的究竟是为什么！

一种新意识的诞生。这来我再不能盲冲，我至少得认明来踪与去迹，该怎样走法如其有目的地，该怎样准备如其前程还在遥远？

啊，我何尝愿意吞这果子，早知有这多的麻烦！现在我第一要考查明白的是这“我”究竟是怎么一回事；然后再决定掉落在这生活道上的“我”的赶路方法。以前种种动作是没有这新意识作主宰的；此后，什么都是由它。

天目山中笔记

佛于大众中 说我当作佛
闻如是法音 疑悔悉已除
初闻佛所说 心中大惊疑
将非魔作佛 恼乱我心耶

——《莲华经·譬喻品》

山中不定是清静。庙宇在参天的大木中间藏着，早晚间有的是风，松有松声，竹有竹韵，鸣的禽，叫的是虫子，阁上的大钟，殿上的木鱼，庙身的左边右边都安着接泉水的粗毛竹管，这就是天然的笙箫，时缓时急的参和着天空地上种种的鸣籁。静是不静的；但山中的声响，不论是泥土里的蚯蚓叫或是轿夫们深夜里“唱宝”的异调，自有一种各别处：它来得纯粹，来得清亮，来得透澈，冰水似的沁入你的脾肺；正如你在泉水里洗濯过后觉得清白些，这些山籁，虽则一样是音响，也

◎ 晴峦萧寺图
北宋 李成

分明有洗净的功能。

夜间这些清籁摇着你入梦，清早上你也从这些清籁的怀抱中苏醒。

山居是福，山上有楼住更是修得来的。我们的楼窗开处是一片蓊葱的林海；林海外更有云海！日的光，月的光，星的光：全是你的。从这三尺方的窗户你接受自然的变幻；从这三尺方的窗户你散放你情感的变幻。自在；满足。

今早梦回时睁眼见满帐的霞光。鸟雀们在赞美；我也加入一份。它们的是清越的歌唱，我的是潜深一度的沉默。

钟楼中飞下一声宏钟，空山在音波的磅礴中震荡。这一声钟激起了我的思潮。不，潮字太夸；说思流罢。耶教说阿门，印度教人说“欧姆”（O—m），与这钟声的嗡嗡，同是从撮口外摄到阖口内包的一个无限的波动；分明是外扩，却又是内潜；一切在它的周缘，却又在它的中心：同时是皮又是核，是轴亦复是廓。这伟大奥妙的“Om”使人感到动，又感到静；从静中见动，又从动中见静。从安住到飞翔，又从飞翔回复安住；从实在境界超入妙空，又从妙空化生实在：

“闻佛柔软音，深远甚微妙。”

多奇异的力量！多奥妙的启示！包容一切冲突性的现象，扩大刹那间的视域，这单纯的音响，于我是一种智灵的洗净。花开，花落，天外的流星与田畦间的飞萤，上绾云天的青松，下临绝海的巉岩，男女的爱，珠宝的光，火山的熔液：一婴儿在它的摇篮中安眠。

这山上的钟声是昼夜不间歇的，平均五分钟打一次。打钟的和尚独自在钟楼上住着，据说他已经不间歇的打了十一年钟，他的愿心是打到他不能动弹的那天。钟楼上供着菩萨，打钟人在大钟的一边安着他的“座”，他每晚是坐着安神的，一只手挽着钟棰的一头，从长期的习惯，不叫睡眠耽误他的职司。“这和尚”，我自忖，“一定是有道理的！和尚是没道理的多：方才那知客僧想把七窍蒙充六根，怎么算总多了一个鼻孔或是耳孔；那方丈师的谈吐里不少某督军与某省长的点缀；那管半山亭的和尚更是贪嗔的化身，无端摔破了两个无辜的茶碗。但这打钟和尚，他一定不是庸流不能不去看看！”他的年岁在五十开外，出家有二十几年，这钟楼，不错，是他管的，这钟是他打的（说着他就过去撞了一下），他每晚，也不错，是坐着安神的，但此外，可怜，我的俗眼竟看不出什么异样。他拂拭着神龛，神坐，拜垫，换上香烛，掇一盂水，洗一把青菜，捻一把米，擦干了手接受香客的布施，又转身去撞一声钟。他脸上看不出修行的清癯，却没有失眠的倦态，倒是满满的不时有笑容的展露；念什么经；不，就念阿弥陀佛，他竟许是不认识字的。“那一带是什么山，叫什么，和尚？”“这里是天目山，”他说，“我知道，我说的是那一带的，”我手点着问。“我不知道。”他回答。

山上另有一个和尚，他住在更上去昭明太子读书台的旧址，盖有几间屋，供着佛像，也归庙管的，叫作茅棚。但这不比得普

◎《人物山水图》册第十二开·山僧叩门图 清 金农

渡山上的真茅棚，那看了怕人的，坐着或是偎着修行的和尚没一个不是鹄形鸠面，鬼似的东西。他们不开口的多，你爱布施什么就放在他跟前的篓子或是盘子里，他们怎么也不睁眼，不出声，随你给的是金条或是铁条。人说得更奇了，有的半年没有吃过东西，不曾挪过窝，可还是没有死，就这冥冥的坐着。他们大约离成佛不远了，单看他们的脸色，就比石片泥土不差什么，一样这黑刺刺，死僵僵的。“内中有几个，”香客们说，“已经成了活佛，我们的祖母早三十年来就看见他们这样坐着的！”

但天目山的茅棚以及茅棚里的和尚，却没有那样的浪漫出奇。茅棚是尽够蔽风雨的屋子，修道的也是活鲜鲜的人，虽则他并不因此减却他给我们的趣味。他是一个高身材、黑面目，行动迟缓的中年人；他出家将近十年，三年前坐过禅关，现在这山上茅棚里来修行；他在俗家时是个商人，家中有父母兄弟姊妹，也许还有自身的妻子；他不曾明说他中年出家的缘由，他只说“俗业太重了，还是出家从佛的好”，但从他沉着的语音与持重的神态中可以觉出他不仅是曾经在人事上受过磨折，并且是在思想上能分清黑白的人。他的口，他的眼，都泄漏着他内里强自抑制，魔与佛交斗的痕迹；说他是放过火杀过人的忏悔者，可信；说他是个回头的浪子，也可信。他不比那钟楼上人的不着颜色，不露曲折：他分明是色的世界里逃来的一个囚犯。三年的禅关，三年的草棚，还不曾压倒，不曾灭净，他肉身的烈火。“俗业太重了，不如出家从佛的好”；这话里岂不颤栗着一往忏悔的深心？我觉着好奇；我怎么能得知他深夜趺坐时意念的究竟？

佛于大众中 说我当作佛

闻如是法音 疑悔悉已除

初闻佛所说 心中大惊疑

将非魔作佛 恼乱我心耶

但这也许看太奥了。我们承受西洋人生观洗礼的，容易把

◎ 佛像 清 金农

做人看太积极，入世的要求太猛烈，太不肯退让，把住这热虎虎的一个身子一个心放进生活的轧床去，不叫他留存半点汁水回去；非到山穷水尽的时候，决不肯认输，退后，收下旗帜；并且即使承认了绝望的表示，他往往直接向生存本体的取决，不来半不阑珊的收回了步子向后退：宁可自杀。干脆的生命的断绝，不来出家，那是生命的否认。不错，西洋人也有出家做和尚做尼姑的，例如亚佩腊[1]与爱洛绮丝[2]，但在他们是情感方面的转变，原来对人的爱移作上帝的爱，这知感的自体与它的活动依旧不含糊的在着；在东方人，这出家是求情感的消灭，皈依佛法或道法，目的在自我一切痕迹的解脱。再说，这出家或出世的观念的老家，是印度不是中国，是跟着佛教来的；印度何以曾发生这类思想，学者们自有种种哲理上乃至物理上的解释，也尽有趣味的。中国何以能容留这类思想，并且在实际上出家做尼僧的今天不比以前少（我新近一个朋友差一点做了小和尚）！这问题正值得研究，因为这分明不仅仅是个知识乃至意识的浅深问题，也许这情形尽有极有趣味的解释的可能，我见闻浅，不知道我们的学者怎样想法，我愿意领教。

十五年九月

1　亚佩腊，不详。

2　爱洛绮丝，十二世纪时一位法国青年女子，因与她的老师阿卜略尔恋爱而导致一场悲剧，终而遁世。

落叶（节选）

前天你们查先生来电话要我讲演，我说但是我没有什么话讲，并且我又是最不耐烦讲演的。他说：你来吧，随你讲，随你自由的讲，你爱说什么就说什么。我们这里你知道这次开学情形很困难，我们学生的生活很枯燥很闷，我们要你来给我们一点活命的水。这话打动了我。枯燥、闷，这我懂得。虽则我与你们诸君是不相熟的，但这一件事实，你们感觉生活枯闷的事实，却立即在我与诸君无形的关系间，发生了一种真的深切的同情。我知道烦闷是怎么样一个不成形不讲情理的怪物，他来的时候，我们的全身仿佛被一个大蜘蛛网盖住了，好容易挣出了这条手臂，那条又叫黏住了。那是一个可怕的网子。我也认识生活枯燥，他那可厌的面目，我想你们也都很认识他。他是无所不在的，他附在各个人的身上，他现在各个人的脸上。你望望你的朋友去，他们的脸上有他，你自己照镜子去，你的脸上，我想，也有他，可怕的枯燥，好比是一种毒剂，他一进了我们的血液，我们的性情，我们的皮肤就变了颜色，而且我怕是离着生命远，离着坟墓近的颜色。

我是一个信仰感情的人，也许我自己天生就是一个感情性的人。比如前几天西风到了，那天早上我醒的时候是冻着才醒过来的，我看着纸窗上的颜色比往常的淡了，我被窝里的肢体像是浸在冷水里似的，我也听见窗外的风声，吹着一棵枣树上的枯叶，一阵一阵的掉下来，在地上卷着，沙沙的发响，有的飞出了外院去，有的留在墙角边转着，那声响真像是叹气。我因此就想起这西风，冷醒了我的梦，吹散了树上的叶子，他那成绩在一般饥荒贫苦的社会里一定格外的可惨。那天我出门的时候，果然见街上的情景比往常不同了；穷苦的老头、小孩全躲在街角上发抖；他们迟早免不了树上枯叶子的命运。那一天我就觉得特别的闷，差不多发愁了。

因此我听着查先生说你们生活怎样的烦闷，怎样的干枯，我就很懂得，我就愿意来对你们说一番话。我的思想——如其我有思想——永远不是成系统的。我没有那样的天才。我的心灵的活动是冲动性的，简直可以说痉挛性的。思想不来的时候，我不能要他来，他来的时候，就比如穿上一件湿衣，难受极了，只能想法子把他脱下。我有一个比喻，我方才说起秋风里的枯叶；我可以把我的思想比作树上的叶子，时期没有到，他们是不很会掉下来的；但是到时期了，再要有风的力量，他们就只能一片一片的往下落；大多数也许是已经没有生命了的，枯了的，焦了的，但其中也许有几张还留着一点秋天的颜

◎ 枯木图 南宋 传梁楷

色，比如枫叶就是红的，海棠叶就是五彩的。这叶子实用是绝对没有的；但有人，比如我自己，就有爱落叶的癖好。他们初下来时颜色有很鲜艳的，但时候久了，颜色也变，除非你保存得好。所以我的话，那就是我的思想，也是与落叶一样的无用，至多有时有几痕生命的颜色就是了。你们不爱的尽可以随意的踩过，绝对不必理会；但也许有少数人有缘分的，不责备他们的无用，竟许会把他们捡起来揣在怀里，夹在书里，想延留他们幽淡的颜色。感情，真的感情，是难得的，是名贵的，是应当共有的；我们不应得拒绝感情，或是压迫感情，那是犯罪的行为，与压住泉眼不让上冲，或是掐住小孩不让喘气一样的犯罪。人在社会里本来是不相连续的个体。感情，先天的与后天的，是一种线索，一种经纬，把原来分散的个体织成有文章的整体。但有时线索也有破烂与涣散的时候，所以一个社会里必须有新的线索继续的产出，有破烂的地方去补，有涣散的地方去拉紧，才可以维持这组织大体的匀整，有时生产力特别加增时，我们就有机会或是推广，或是加添我们现有的面积，或是加密，像网球板穿双线似的，我们现成的组织，因为我们知道创造的势力与破坏的势力，建设与溃败的势力，上帝与撒旦的势力，是同时存在的。这两种势力是在一架天平上比着，他们很少平衡的时候，不是这头沉，就是那头沉，是的，人类的命运是在一架大天平上比着，一个巨大的黑影，那是我们集合的化身，在那里看着，他的手里满拿着分两的砝码，一会往这头送，一会又往那头送，地球尽转着，太阳、月亮、星，轮流的照着，我们的运命永远是在天平上称着。

我方才说网球拍，不错，球拍是一个好比喻。你们打球的知道网拍上哪里几根线是最吃重最要紧，哪几根线要是特别有劲的时候，不仅你对敌时拉球、抽球、拍球格外来的有力，出色，并且你的拍子也就格外的经用，少数特强的分子保持了全体的匀整。这一条原则应用到人道上，就是说，假如我们有力量加密，加强我们最普通的同情线，那线如其穿连得到所有跳动的人心时，那时我们的大网子就坚实耐用，天津人说的，就有根。不问天时怎样的坏，管他雨也罢，云也罢，霜也罢，风也罢，管他水流怎样的急，我们假如有这样一个强有力的大网子，哪怕不能在时间无尽的洪流里——早晚网起无价的珍品，哪怕不能在我们运命的天平上重重的加下创造的生命的分量？

所以我说真的感情，真的人情，是难能可贵的，那是社会组织的基本成分。初起也许只是一个人心灵里偶然的震动，但这震动，不论怎样的微弱，就产生了极远的波纹；这波纹要是唤得起同情的反应时，原来细的便拼成了粗的，原来弱的便合成了强的，原来脆性的便结成了韧性的，像一缕缕的苎麻打成了粗绳似的；原来只是微波，现在掀成了大浪，原来只是山罅里的一股细水，现在流成了滚滚的大河，向着无边的海洋里流着。比如耶稣在山头上的训道（Sermon on the mount）还不是有限的几句话，但这一篇短短的演说，却制定了人类想望的止境，建设了绝对的价值的标准，创造了一个纯粹的完全的宗教。那是一件大事实，人类历史上一件最伟大的事实。再比如释迦牟尼感悟了生老、病死的究竟，发大慈悲心，发大勇猛心，发大无畏心，抛弃了他人间的地位，富与贵，家庭与妻子，直到深山里去修道，结果他也替苦闷的人间打开了一条解放的大道，为东方民族的天才下一个最光华的定义。那又是人类历史上的一件奇迹。但这样大事的起源还不止是一个人的心灵里偶然的震动，可不仅仅是一滴最透明的真挚的感情滴落在黑沉沉的宇宙间？

感情是力量，不是知识。人的心是力量的府库，不是他的逻辑。有真感情的表现，不论是诗是文是音乐是雕刻或是画，好比是一块石子掷在平面的湖心里，你站着就看得见他引起的变化。没有生命的理论，不论他论的是什么理，只是拿石块扔在沙漠里，无非在干枯的地面上添一颗干枯的分子，也许掷下去时便听得出一些干枯的声响，但此外只是一大片死一般的沉寂了。所以感情才是成江成河的水泉，感情才是织成大网的线索。

但是我们自己的网子又是怎么样呢？现在时候到了，我们应当张大了我们的眼睛，认明白我们周围事实的真相。我们已经含糊了好久，现在再不容含糊的了。让我们来大声的宣布我们的网子是坏了的，破了的，烂了的；让我们痛快的宣告我们民族的破产，道德、政治、社会、宗教、文艺，一切都是破产了的。我们的心窝变成了蠹虫的家，我们的灵魂里住着一个可怕的大谎！那天平上沉着的一头是破坏的重量，不是创造的重量；是溃败的势力，不是建设的势力；是撒旦的魔力，不是上帝的神灵。霎时间这边路上长满了荆棘，那边道上涌起了洪水，我们头顶有骇人的声音，是雷霆还是炮火呢？我们周围有一哭声与笑声，哭是我们的灵魂受污辱的悲声，笑是活着的人们疯魔了的狞笑，那比鬼哭更听的可怕，更凄惨。我们张开眼来看时，差不多更没有一块干净的土地，哪一处不是叫鲜血与眼泪冲毁了的；更没有平安的所在，因为你即使忘却了外面的世界，你还是躲不了你自身的烦闷与苦痛。不要以为这样混沌的现象是原因于经济的不平等，或是政治的不安定，或是少数人的放肆的野心。这种种都是空虚的，欺人自欺的理论，说着容易，听着中听，因为我们只盼望脱卸我们自身的责任，只要不是我的分，我就有权利骂人。但这是，我着重的说，懦怯的行为；这正是我说的我们各个人灵魂里躲着的大谎！你说少数的政客，少数的军人，或是少数的富翁，是现在变乱的原因吗？我现在对你说：先生，你错了，你很大的错了，你太恭维了那少数人，你太瞧不起你自己。让我们一致的来承认，在太阳普遍的光亮底下承认，我们各个人的罪恶，各个人的不洁净，各个人的苟且与懦怯与卑鄙！我们是与最肮脏的一样的肮脏，与最丑陋的一般的丑陋，我们自身就是我们运命的原因。除非我们能起拔了我们灵魂里的大谎，我们就没有救度；我们要把祈祷的火焰把那鬼烧净了去，我们要把忏悔的眼泪把那鬼冲洗了去，我们要有勇敢来承当罪恶；有了勇敢来承当罪恶，方有胆量来决斗罪恶。再没有第二条路走。如其你们可以容恕我的厚颜，我想念我自己近作的一首诗给你们听，因为那首诗，正是我今天讲的话的更集中的表现。

海滩上种花

朋友是一种奢华：且不说酒肉势利，那是说不上朋友，真朋友是相知，但相知谈何容易，你要打开人家的心，你先得打开你自己的，你要在你的心里容纳人家的心，你先得把你的心推放到人家的心里去；这真心或真性情的相互的流转，是朋友的秘密，是朋友的快乐。但这是说你内心的力量够得到，性灵的活动有富余，可以随时开放，随时往外流，像山里的泉水，流向容得住你的同情的沟槽；有时你得冒险，你得花本钱，你得抵拼在巉岈的乱石间，触刺的草缝里耐心的寻路，那时候艰难，苦痛，消耗，在在是可能的，在你这水一般灵动，水一般柔顺的寻求同情的心能找到平安欣快以前。

我所以说朋友是奢华，"相知"是宝贝，但得拿真性情的血本去换，去拼。因此我不敢轻易说话，因为我自己知道我的来源有限，十分的谨慎尚且不时有破产的恐惧；我不能随便"化"。前天有几位小朋友来邀我跟你们讲话，他们的恳切折服了我，使我不得不从命，但是小朋友们，说也惭愧，我拿什么

◎ 两个孩子 荷兰 梵高

来给你们呢？

我最先想来对你们说些孩子话，因为你们都还是孩子。但是那孩子的我到哪里去了？仿佛昨天我还是个孩子，今天不知怎的就变了样。什么是孩子要不为一点活泼的天真，但天真就比是泥土里的嫩芽，天冷泥土硬就压住了它的生机——这年头问谁去要和暖的春风？

孩子是没了。你记得的只是一个不清切的影子，麻糊得紧，我这时候想起就像是一个瞎子追念他自己的容貌，一样的记不周全；他即使想急了拿一双手到脸上去印下一个模子来，那模子也是个死的。真的没了。一个在公园里见一个小朋友不提多么活动，一忽儿上山，一忽儿爬树，一忽儿溜冰，一忽儿干草里打滚，要不然就跳着憨笑；我看着羡慕，也想学样，跟他一起玩，但是不能，我是一个大人，身上穿着长袍，心里存着体面，怕招人笑，天生的灵活换来矜持的存心——孩子，孩子是没有的了，有的只是一个年岁与教育蛀空了的躯壳，死僵僵的，不自然的。

我又想找回我们天性里的野人来对你们说话。因为野人也是接近自然的；我前几年过印度时得到极刻心的感想，那里的街道房屋以及土人的体肤容貌，生活的习惯，虽则简，虽则陋，虽则不夸张，却处处与大自然——上面碧蓝的天，火热的阳光，地下焦黄的泥土，高矗的椰树——相调谐，情调，色彩，结构，看来有一种意义的一致，就比是一件完美的艺术的作品。也不知怎的，那天看了他们的街，街上的牛车，赶车的老头露着他的赤光的头颅与紫姜色的圆肚，他们的庙，庙里的圣像与神座前的花，我心里只是不自在，就仿佛这情景是一个熟悉的声音的叫唤，叫你去跟着他，你的灵魂也何尝不活跳跳的想答应一声“好，我来了”，但是不能，又有碍路的挡着你，不许你回复这叫唤声启示给你的自由。困着你的是你的教育；我那时的难受就比是一条蛇摆脱不了困住他的一个硬性的外壳——野人也给压住了，永远出不来。

所以今天站在你们上面的我不再是融会自然的野人，也不是天机活灵的孩子：我只是一个“文明人”，我能说的只是“文明话”。但什么是文明只是堕落？文明人的心里只是种种虚荣的念头，他到处忙不算，到处都得计较成败。我怎么能对着你们不感觉惭愧？不了解自然不仅是我的心，我的话也是的。并且我即使有话说也没法表现，即使有思想也不能使你们了解；内里那点子性灵就比是在一座石壁里牢牢的砌住，一丝光亮都不透，就凭这双眼望见你们，但有什么法子可以传达我的意思给你们，我已经忘却了原来的语言，还有什么话可说的？

但我的小朋友们还是逼着我来说谎（没有话说而勉强说话便是谎）。知识，我不能给；要知识你们得请教教育家去，我这里是没有的。智慧，更没有了：智慧是地狱里的花果，能进地狱更能出地狱的才采得着智慧，不去地狱的便没有智慧——我是没有的。

我正发窘的时候，来了一个救星——就是我手里这一小幅画，等我来讲道理给你们听。这张画是我的拜年片，一个朋友替我制的。你们看这个小孩子在海边沙滩上独自的玩，赤脚穿着草鞋，右手提着一枝花，使劲把它往沙里栽，左手提着一把浇花的水壶，壶里水点一滴滴的往下掉着。离着小孩不远看得见海里翻动着的波澜。

你们看出了这画的意思没有?

在海砂里种花。在海砂里种花！那小孩这一番种花的热心怕是白费的了。砂碛是养不活鲜花的，这几点淡水是不能帮忙的；也许等不到小孩转身，这一朵小花已经支不住阳光的逼迫，就得交卸他有限的生命，枯萎了去。况且那海水的浪头也快打过来了，海浪冲来时不说这朵小小的花，就是大根的树也怕站不住——所以这花落在海边上是绝望的了，小孩这番力量准是白化（花）的了。

你们一定很能明白这个意思。我的朋友是很聪明的，他拿这画意来比我们一群呆子，乐意在白天里做梦的呆子，满心想在海砂里种花的傻子。画里的小孩拿着有限的几滴淡水想维持花的生命，我们一群梦人也想在现在比沙漠还要干枯比沙滩更没有生命的社会里，凭着最有限的力量，想下几颗文艺与思想的种子，这不是一样的绝望，一样的傻？想在海砂里种花，想在海砂里种花，多可笑呀！但我的聪明的朋友说，这幅小小画里的意思还不止此；讽刺不是她的目的。她要我们更深一层看。

在我们看来海砂里种花是傻气，但在那小孩自己却不觉得。他的思想是单纯的，他的信仰也是单纯的。他知道的是什么？他知道花是可爱的，可爱的东西应得帮助他发长；他平常

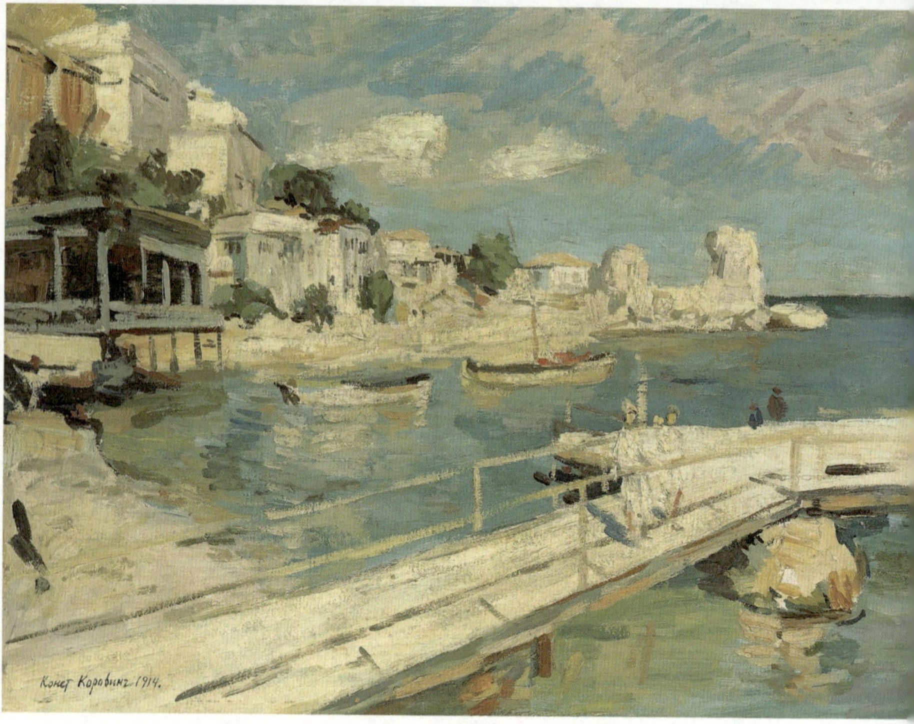

◎ 黑海海岸景色 俄罗斯 康斯坦丁·柯罗文

看见花草都是从地土里长出来的，他看来海砂也只是地，为什么海砂里不能长花他没有想到，也不必想到，他就知道拿花来栽，拿水去浇，只要那花在地上站直了他就欢喜，他就乐，他就会跳他的跳，唱他的唱，来赞美这美丽的生命，以后怎么样，海砂的性质，花的运命，他全管不着！我们知道小孩们怎样的崇拜自然，他的身体虽则小，他的灵魂却是大着，他的衣服也许脏，他的心可是洁净的。这里还有一幅画，这是自然的崇拜，你们看这孩子在月光下跪着拜一朵低头的百合花，这时候他的心与月光一般的清洁与花一般的美丽，与夜一般的安静。我们可以知道到海边上来种花那孩子的思想与这月下拜花的孩子的思想会得跪下的——单纯、清洁，我们可以想象那一个孩子把花栽好了也是一样来对着花膜拜祈祷——他能把花暂时栽了起来便是他的成功，此外以后怎么样不是他的事情了。

你们看这个象征不仅美，并且有力量；因为它告诉我们单纯的信心是创作的泉源——这单纯的烂漫的天真是最永久最有力量的东西，阳光烧不焦他，狂风吹不倒他，海水冲不了他，黑暗掩不了他——地面上的花朵有被摧残有消灭的时候，但小孩爱花种花这一点："真"却有的是永久的生命。

我们来放远一点看。我们现有的文化只是人类在历史上努力与牺牲的成绩。为什么人们肯努力肯牺牲？因为他们有天生的信心；他们的灵魂认识什么是真什么是善什么是美，虽则他们的肉体与智识有时候会诱惑他们反着方向走路；但只要他们认明一件事情是有永久价值的时候，他们就自然的会得兴奋，不期然的自己牺牲，要在这忽忽变动的声色的世界里，赎出几个永久不变的原则的凭证来。耶稣为什么不怕上十字架？密尔顿何以瞎了眼还要做诗，贝德花芬何以聋了还要制音乐，密佗郎其罗为什么肯积受几个月的潮湿不顾自己的皮肉与靴子连成一片的用心思，为的只是要解决一个小小的美术问题？为什么永远有人到冰洋尽头雪山顶上去探险？为什么科学家肯在显微镜底下或是数目字中间研究一般人眼看不到心想不通的道理消磨他一生的光阴？

为的是这些人道的英雄都有他们不可摇动的信心；像我们在海砂里种花的孩子一样，他们的思想是单纯的——宗教家为善的原则牺牲，科学家为真的原则牺牲，艺术家为美的原则牺牲——这一切牺牲的结果便是我们现有的有限的文化。

你们想想在这地面上做事难道还不是一样的傻气——这地面还不与海砂一样不容你生根，在这里的事业还不是与鲜花一样的娇嫩？——潮水过来可以冲掉，狂风吹来可以折坏，阳光晒来可以熏焦我们小孩子手里拿着往砂里栽的鲜花，同样的，我们文化的全体还不一样有随时可以冲掉、折坏、熏焦的可能吗？巴比伦的文明现在哪里？嘭湃城[1]曾经在地下埋过千百年，克利脱的文明直到最近五六十年间才完全发现。并且有时一件事实体的存在并不能证明他生命的继续。这区区地球的本体就有一千万个毁灭的可能。人们怕死不错，我们怕死人，但最可怕的不是死的死人，是活的死人，单有躯壳生命没有灵性生活是莫大的悲惨；文化也有这种情形，死的文化倒也罢了，最可怜的是勉强喘着气的半死的文化。你们如其问我要例子，我就不迟疑的回答你说，朋友们，贵国的文化便是一个喘着气的活死人！时候已经很久的了，自从我们最后的几个祖宗为了不变的原则牺牲他们的呼吸与血液，为了不死的生命牺牲他们有限

1 嘭湃城，今译庞贝城。

的存在，为了单纯的信心遭受当时人的讪笑与侮辱。时候已经很久的了，自从我们最后听见普遍的声音像潮水似的充满着地面。时候已经很久的了，自从我们最后看见强烈的光明像彗星似的扫掠过地面。时候已经很久的了，自从我们最后为某种主义流过火热的鲜血。时候已经很久的了，自从我们的骨髓里有胆量，我们的说话里有分量。这是一个极伤心的反省！我真不知道这时代犯了什么不可赦的大罪，上帝竟狠心的赏给我们这样恶毒的刑罚？你看看去这年头到哪里去找一个完全的男子或是一个完全的女子——你们去看去，这年头哪一个男子不是阳痿，哪一个女子不是鼓胀！要形容我们现在受罪的时期，我们得发明一个比丑更丑比脏更脏比下流更下流比苟且更苟且比懦怯更懦怯的一类生字去！朋友们，真的我心里常常害怕，害怕下回东风带来的不是我们盼望中的春天，不是鲜花青草蝴蝶飞鸟，我怕他带来一个比冬天更枯槁更凄惨更寂寞的死天——因为丑陋的脸子不配穿漂亮的衣服，我们这样丑陋的变态的人心与社会凭什么权利可以问青天要阳光，问地面要青草，问飞鸟要音乐，问花朵要颜色？你问我明天天会不会放亮？我回答说我不知道，竟许不！

归根是我们失去了我们灵性努力的重心，那就是一个单纯的信仰，一点烂漫的童真！不要说到海滩去种花——我们都是聪明人谁愿意做傻瓜去——就是在你自己院子里种花你都恐怕动手哪！最可怕的怀疑的鬼与厌世的黑影已经占住了我们的灵魂！

◎ 舞蹈 法国 保罗·高更

所以朋友们，你们都是青年，都是春雷声响不曾停止时破绽出来的鲜花，你们再不可堕落了——虽则陷阱的大口满张在你的跟前，你不要怕，你把你的烂漫的天真倒下去，填平了它，再往前走——你们要保持那一点的信心，这里面连着来的就是精力与勇敢与灵感——你们再不怕做小傻瓜，尽量在这人道的海滩边种你的鲜花去——花也许会消灭，但这种花的精神是不烂的！

翡冷翠山居闲话

这里出门散步去，上山或是下山，在一个晴好的五月的向晚，正像是去赴一个美的宴会，比如去一果子园，那边每株树上都是满挂着诗情最秀逸的果实，假如你单是站着看还不满意时，只要你一伸手就可以采取，可以恣尝鲜味，足够你性灵的迷醉。阳光正好暖和，决不过暖；风息是温驯的，而且往往因为他是从繁花的山林里吹度过来，他带来一股幽远的淡香，连着一息滋润的水气，摩挲着你的颜面，轻绕着你的肩腰，就这单纯的呼吸已是无穷的愉快；空气总是明净的，近谷内不生烟，远山上不起霭，那美秀风景的全部正像画片似的展露在你的眼前，供你闲暇的鉴赏。

作客山中的妙处，尤在你永不须踌躇你的服色与体态；你不妨摇曳着一头的蓬草，不妨纵容你满腮的苔藓；你爱穿什么就穿什么；扮一个牧童，扮一个渔翁，装一个农夫，装一个走江湖的桀卜闪，装一个猎户；你再不必提心整理你的领结，你尽可以不用领结，给你的颈根与胸膛一半日的自由，你可以拿

◎ 仿王蒙夏日山居图 清 王原祁

一条这边艳色的长巾包在你的头上，学一个太平军的头目，或是拜伦那埃及装的姿态；但最要紧的是穿上你最旧的旧鞋，别管他模样不佳，他们是顶可爱的好友，他们承着你的体重却不叫你记起你还有一双脚在你的底下。

这样的玩顶好是不要约伴，我竟想严格的取缔，只许你独身；因为有了伴多少总得叫你分心，尤其是年轻的女伴，那是最危险最专制不过的旅伴，你应得躲避她像你躲避青草里一条美丽的花蛇！平常我们从自己家里走到朋友的家里，或是我们执事的地方，那无非是在同一个大牢里从一间狱室移到另一间狱室去，拘束永远跟着我们，自由永远寻不到我们；但在这春夏间美秀的山中或乡间你要是有机会独身闲逛时，那才是你福星高照的时候，那才是你实际领受，亲口尝味，自由与自在的时候，那才是你肉体与灵魂行动一致的时候；朋友们，我们多长一岁年纪往往只是加重我们头上的枷，加紧我们脚胫上的链，我们见小孩子在草里在沙堆里在浅水里打滚作乐，或是看见小猫追他自己的尾巴，何尝没有羡慕的时候，但我们的枷，我们的链永远是制定我们行动的上司！所以只有你单身奔赴大自然的怀抱时，像一个裸体的小孩扑入他母亲的怀抱时，你才知道灵魂的愉快是怎样的，单是活着的快乐是怎样的，单就呼吸单就走道单就张眼看耸耳听的幸福是怎样的。因此你得严格的为己，极端的自私，只许你，体魄与性灵，与自然同在一个脉搏里跳动，同在一个音波里起伏，同在一个神奇的宇宙里自得。我们浑朴的天真是像含羞草似的娇柔，一经同伴的抵触，他就卷了起来，但在澄静的日光下，和风中，他的姿态是自然的，他的生活是无阻碍的。

你一个人漫游的时候，你就会在青草里坐地仰卧，甚至有时打滚，因为草的和暖的颜色自然的唤起你童稚的活泼；在静僻的道上你就会不自主的狂舞，看着你自己的身影幻出种种诡异的变相，因为道旁树木的阴影在他们纡徐的婆娑里暗示你舞蹈的快乐；你也会得信口的歌唱，偶尔记起断片的音调，与你自己随口的小曲，因为树林中的莺燕告诉你春光是应得赞美的；更不必说你的胸襟自然会跟着曼长的山径开拓，你的心地会看着澄蓝的天空静定，你的思想和着山壑间的水声，山罅里的泉响，有时一澄到底的清澈，有时激起成章的波动，流，流，流入凉爽的橄榄林中，流入妩媚的阿诺河去……

并且你不但不须应伴，每逢这样的游行，你也不必带书。书是理想的伴侣，但你应得带书，是在火车上，在你住处的客室里，不是在你独身漫步的时候。什么伟大的深沉的鼓舞的清明的优美的思想的根源不是可以在风籁中，云彩里，山势与地形的起伏里，花草的颜色与香息里寻得？自然是最伟大的一部书，葛德说，在他每一页的字句里我们读得最深奥的消息。并且这书上的文字是人人懂得的；阿尔帕斯与五老峰，雪西里与普陀山，莱茵河与扬子江；梨梦湖与西子湖，建兰与琼花，杭州西溪的芦雪与威尼市夕照的红潮，百灵与夜莺，更不提一般

◎ 林泉春暮图轴
清 弘仁

黄的黄麦，一般紫的紫藤，一般青的青草同在大地上生长，同在和风中波动——他们应用的符号是永远一致的，他们的意义是永远明显的，只要你自己心灵上不长疮瘢，眼不盲，耳不塞，这无形迹的最高等教育便永远是你的名分，这不取费的最珍贵的补剂便永远供你的受用；只要你认识了这一部书，你在这世界上寂寞时便不寂寞，穷困时不穷困，苦恼时有安慰，挫折时有鼓励，软弱时有督责，迷失时有南针。

十四年七月

丑西湖

“欲把西湖比西子，浓妆淡抹总相宜。”我们太把西湖看理想化了。夏天要算是西湖浓妆的时候，堤上的杨柳绿成一片浓青，里湖一带的荷叶荷花也正当满艳，朝上的烟雾，向晚的晴霞，哪样不是现成的诗料，但这西姑娘你爱不爱？我是不成，这回一见面我回头就逃！什么西湖这简直是一锅腥臊的热汤！

西湖的水本来就浅，又不流通，近来满湖又全养了大鱼，有四五十斤的，把湖里袅袅婷婷的水草全给咬烂了，水混不用说，还有那鱼腥味儿顶叫人难受。说起西湖养鱼，我听得有种种的说法，也不知哪样是内情：有说养鱼甘脆是官家谋利，放着偌大一个鱼沼，养肥了鱼打了去卖不是顶现成的；有说养鱼是为预防水草长得太放肆了怕塞满了湖心，也有说这些大鱼都是大慈善家们为要延寿或是求子或是求财源茂健特为从别地方买了来放生在湖里的，而且现在打鱼当官是不准。不论怎么样，西湖确是变了鱼湖了。六月以来杭州据说一滴水都没有过，西湖当然水浅得像个干血痨的美女，再加那腥味儿！今年

◎ 西湖十景 宋 叶肖严

南方的热，说来我们住惯北方的也不易信，白天热不说，通宵到天亮也不见放松，天天大太阳，夜夜满天星，节节高的一天暖似一天。杭州更比上海不堪，西湖那一洼浅水用不到几个钟头的晒就离滚沸不远什么，四面又是山，这热是来得去不得，一天不发大风打阵，这锅热汤，就永远不会凉。我那天到了晚上才雇了条船游湖，心想比岸上总可以凉快些。好，风不来还熬得，风一来可真难受极了，又热又带腥味儿，真叫人发眩作呕，我同船一个朋友当时就病了，我记得红海里两边的沙漠风都似乎较为可耐些！夜间十二点我们回家的时候都还是热虎虎的。还有湖里的蚊虫！简直是一群群的大水鸭子！我一生定就活该。

这西湖是太难了，气味先就不堪。再说沿湖的去处，本来顶清淡宜人的一个地方是平湖秋月，那一方平台，几棵杨柳，几折回廊，在秋月清澈的凉夜去坐着看湖确是别有风味，更好在去的人绝少，你夜间去总可以独占，唤起看守的人来泡一碗清茶，冲一杯藕粉，和几个朋友闲谈着消磨他半夜，真是清福。

我三年前一次去有琴友有笛师，躺平在杨树底下看揉碎的月光，听水面上翻响的幽乐，那逸趣真不易。西湖的俗化真是一日千里，我每回去总添一度伤心：雷峰也羞跑了，断桥折成了汽车桥，哈得在湖心里造房子，某家大少爷的汽油船在三尺的柔波里兴风作浪，工厂的烟替代了出岫的霞，大世界以及什么舞台的锣鼓充当了湖上的啼莺，西湖，西湖，还有什么可留恋的！

这回连平湖秋月也给糟蹋了，你信不信？

“船家，我们到平湖秋月去，那边总还清静。”

“平湖秋月？先生，清静是不清静的，格歇开了酒馆，酒馆着实闹忙哩，你看，望得见的，穿白衣服的人多煞勒瞎，扇子□得活血血的，还有唱唱的，十七八岁的姑娘，听听看——是无锡山歌哩，胡琴都蛮清爽的……”

那我们到楼外楼去吧。谁知楼外楼又是一个伤心！原来楼外楼那一楼一底的旧房子斜斜的对着湖心亭，几张揩抹得发白光的旧桌子，一两个上年纪的老堂倌，活络络的鱼虾，滑齐齐的莼菜，一壶远年，一碟盐水花生，我每回到西湖往往偷闲独自跑去领略这点子古色古香，靠在栏杆上从堤边杨柳荫里望滟滟的湖光，晴有晴色，雨雪有雨雪的景致，要不然月上柳梢

◎ 西湖十景图卷全图 清 王原祁

时意味更长，好在是不闹，晚上去也是独占的时候多，一边喝着热酒，一边与老堂倌随便讲讲湖上风光，鱼虾行市，也自有一种说不出的愉快。但这回连楼外楼都变了面目！地址不曾移动，但翻造了三层楼带屋顶的洋式门面，新漆亮光光的刺眼，在湖中就望见楼上电扇的疾转，客人闹盈盈的挤着，堂倌也换了，穿上西崽的长袍，原来那老朋友也看不见了，什么闲情逸趣都没有了！我们没办法移一个桌子在楼下马路边吃了一点东西，果然连小菜都变了，真是可伤。泰戈尔来看了中国，发了很大的感慨。他说，“世界上再没有第二个民族像你们这样蓄意的制造丑恶的精神。”怪不过老头牢骚，他来时对中国是怎样的期望（也许是诗人的期望），他看到的又是怎样一个现实！狄更生先生有一篇绝妙的文章，是他游泰山以后的感想，他对照西方人的俗与我们的雅，他们的唯利主义与我们的闲暇精神。他说只有中国人才真懂得爱护自然，他们在山水间的点缀是没有一点辜负自然的；实际上他们处处想法子增添自然的美，他们不容许煞风景的事业。他们在山上造路是依着山势回环曲折，铺上本山的石子，就这山道就饶有趣味，他们宁可牺牲一点便利。

不愿斫丧自然的和谐。所以他们造的是妩媚的石径；欧美人来时不开马路就来穿山的电梯。他们在原来的石块上刻上美秀的诗文，漆成古色的青绿，在苔藓间掩映生趣；反之在欧美的山石上只见雪茄烟与各种生意的广告。他们在山林丛密处透出一角寺院的红墙，西方人起的是几层楼嘈杂的旅馆。听人说中国人得效法欧西，我不知道应得自觉虚心做学徒的究竟是谁？

这是十五年前狄更生先生来中国时感想的一节。我不知道他现在要是回来看看西湖的成绩，他又有什么妙文来颂扬我们的美德！

说来西湖真是个爱伦内。论山水的秀丽，西湖在世界上真有位置。那山光，那水色，别有一种醉人处，叫人不能不生爱。

但不幸杭州的人种（我也算是杭州人），也不知怎的，特别的来得俗气来得陋相。不读书人无味，读书人更可厌，单听那一口杭白，甲隔甲隔的，就够人心烦！看来杭州人话会说（杭州人真会说话！），事也会做，近年来就“事业”方面看，杭州的建设的确不少，例如西湖堤上的六条桥就全给拉平了替汽车公司帮忙；但不幸经营山水的风景是另一种事业，决不是开铺子、做官一类的事业。平常布置一个小小的园林，我们尚且说总得主人胸中有些丘壑，如今整个的西湖放在一班大老的手里，他们的脑子里平常想些什么我不敢猜度，但就成绩看，他们的确是只图每年“我们杭州”商界收入的总数增加多少的一种头脑！

开铺子的老班们也许沾了光，但是可怜的西湖呢？分明天生俊俏的一个少女，生生的叫一群粗汉去替她涂脂抹粉，就说没有别的难堪情形，也就够煞风景又煞风景！天啊，这苦恼的西子！

但是回过来说，这年头哪还顾得了美不美！江南总算是天堂，到今天为止。别的地方人命只当得虫子，有路不敢走，有话不敢说，还来搭什么臭绅士的架子，挑什么够美不够美的鸟眼？

八月七日

山中来函

剑三：我还活着。但是至少是一个“出家人”。我住在我们镇上的一个山里，这里有一个新造的祠堂，叫做“三不朽”，这名字肉麻得凶，其实只是一个乡贤祠的变名，我就寄宿在这里。你不要见笑徐志摩活着就进了祠堂，而且是三不朽！这地方倒不坏，我现在坐着写字的窗口，正对着山景，烧剩的庙，精光的树，常青的树，石牌坊戏台，怪形的石错落在树木间，山顶上的宝塔，塔顶上徘徊着的“饿老鹰”有时卖弄着他们穿天响的怪叫，累累的坟堆、享亭、白木的与包着芦席的棺材——都在嫩色的朝阳里浸着。隔壁是祠堂的大厅，供着历代的忠臣、孝子、清客、书生、大官、富翁、棋国手（陈子仙）、数学家（李善兰壬叔）以及我自己的祖宗，他们为什么“不朽”，我始终没有懂：再隔壁是节孝祠，多是些跳井的投河的上吊的吞金的服盐卤的也许吃生鸦片吃火柴头的烈女烈妇以及无数咬紧牙关的“望门寡”，抱牌位做亲的，教子成名的，节妇孝妇，都是牺牲了生前的生命来换死后的冷猪头肉，也还不很靠得住的；再隔壁是东寺，外边墙壁已是半烂，殿上神像只

◎ 山居图 元 钱选

剩了泥灰。前窗望出去是一条小河的尽头，一条藤萝满攀着磊石的石桥，一条狭堤，过堤一潭清水，不知是血污还是蓄荷池（土音同），一个鬼客栈（厝所），一片荒场也是墓墟累累的；再望去是硖石镇的房屋了。这里时常过路的是：香客，挑菜担的乡下人，青布包头的妇人，背着黄叶篓子的童子，戴黑布风帽手提灯笼的和尚，方巾的道士，寄宿在戏台下与我们守望相助的丐翁，牧羊的童子与他的可爱的白山羊，到山上去寻柴，掘树根，或掠干草的，送羹饭与叫姓的（现在眼前就是，真妙，前面一个男子手里拿着一束稻柴，口里喊着病人的名字叫他到“屋里来”，后面跟着一个着红棉袄绿背心的老妇人，撑着一把雨伞，低声的答应着那男子的叫唤）。晚上只听见各种的声响：塔院里的钟声，林子里的风响，寺角上的铃声，远外小儿啼声、狗吠声、枭鸟的咒诅声，石路上行人的脚步声——

点缀这山脚下深夜的沉静，管祠堂人的房子里，不时还闹鬼，差不多每天有鬼话听！

这是我的寓处。世界，热闹的世界，离我远得很：北京的灰砂也吹不到我这里来——博生真鄙吝，连一份《晨报》附张都舍不得寄给我；朋友的信息更是杳然了。今天我偶尔高兴，写成了三段《东山小曲》，现在寄给你，也许可以补补空白。

我唯一的希望只是一场大雪。

志摩问安一月二十日